EUROPAVERLAG

ALBERT EINSTEIN

Mein Weltbild

Herausgegeben von Carl Seelig

EUROPAVERLAG

MIX
Papier | Fördert gute Waldnutzung
FSC® C083411

Der Umwelt zuliebe

- produzieren wir zu über 90 % in Deutschland
- achten wir auf kurze Transportwege
- drucken wir auf Papier aus nachhaltiger Waldwirtschaft und anderen kontrollierten Quellen

1. Auflage 2026

Umschlaggestaltung und Motiv:
Hauptmann & Kompanie Werbeagentur, Zürich
Satz: Robert Gigler, München
Druck und Bindung: CPI, Leck
ISBN 978-3-95890-680-8

Ansprechpartner für Produktsicherheit
Europa Verlage GmbH
Monika Roleff
Johannisplatz 15, 81667 München
Tel.: +49 (0)89 18 94 733-0
E-Mail: info@europa-verlag.com
www.europa-verlag.com

Inhalt

I
Wie ich die Welt sehe

Wie ich die Welt sehe

Wie merkwürdig ist die Situation von uns Erdenkindern! Für einen kurzen Besuch ist jeder da. Er weiß nicht, wofür, aber manchmal glaubt er, es zu fühlen. Vom Standpunkt des täglichen Lebens ohne tiefere Reflexion weiß man aber: man ist da für die anderen Menschen – zunächst für diejenigen, von deren Lächeln und Wohlsein das eigene Glück völlig abhängig ist, dann aber auch für die vielen Ungekannten, mit deren Schicksal uns ein Band des Mitfühlens verknüpft. Jeden Tag denke ich unzählige Male daran, daß mein äußeres und inneres Leben auf der Arbeit der jetzigen und der schon verstorbenen Menschen beruht, daß ich mich anstrengen muß, um zu geben im gleichen Ausmaß, wie ich empfangen habe und noch empfange. Ich habe das Bedürfnis nach Genügsamkeit und habe oft das drückende Bewußtsein, mehr als nötig von der Arbeit meiner Mitmenschen zu beanspruchen. Die sozialen Klassenunterschiede empfinde ich nicht als gerechtfertigt und letzten Endes als auf Gewalt beruhend. Auch glaube ich, daß ein schlichtes und anspruchsloses äußeres Leben für jeden gut ist, für Körper und Geist.

An Freiheit des Menschen im philosophischen Sinne glaube ich keineswegs. Jeder handelt nicht nur unter äußerem Zwang, sondern auch gemäß innerer Notwendigkeit. Schopenhauers Spruch: »Ein Mensch kann zwar tun, was er will, aber nicht wollen, was er will«, hat mich seit meiner Jugend lebendig erfüllt und ist mir beim Anblick und beim Erleiden der Härten des Lebens immer ein Trost gewesen und eine unerschöpfliche Quelle der Toleranz. Dieses Bewußtsein mildert in wohltuender Weise das leicht lähmend wirkende Verantwortungsgefühl und macht, daß wir uns selbst und die andern nicht gar zu ernst nehmen; es führt zu einer Lebensauffassung, die auch besonders dem Humor sein Recht läßt.

Nach dem Sinn oder Zweck des eigenen Daseins sowie des Daseins der Geschöpfe überhaupt zu fragen, ist mir von einem objektiven Standpunkt aus stets sinnlos erschienen. Und doch hat andererseits jeder Mensch gewisse Ideale, die ihm richtunggebend sind für das Streben und für das Urteilen. In diesem Sinn ist mir Behagen und Glück nie als Selbstzweck erschienen (ich nenne diese ethische Basis auch Ideal der Schweineherde). Meine Ideale, die mir voranleuchteten und mich mit frohem Lebensmut immer wieder erfüllten, waren Güte, Schönheit und Wahrheit. Ohne das Gefühl von Übereinstimmung mit Gleichgesinnten, ohne die Beschäftigung mit dem Objektiven, dem ewig Unerreichbaren auf dem Gebiet der Kunst und des wissenschaftlichen Forschens wäre mir das Leben leer erschienen. Die banalen Ziele menschlichen Strebens: Besitz, äußerer Erfolg, Luxus, erschienen mir seit meinen jungen Jahren verächtlich.

Mein leidenschaftlicher Sinn für soziale Gerechtigkeit und soziale Verpflichtung stand stets in einem eigentümlichen Gegensatz zu einem ausgesprochenen Mangel an unmittelbarem Anschlußbedürfnis an Menschen und an menschliche Gemeinschaften. Ich bin ein richtiger »Einspänner«, der dem Staat, der Heimat, dem Freundeskreis, ja, selbst der engeren Familie nie mit ganzem Herzen angehört hat, sondern all diesen Bindungen gegenüber ein nie sich legendes Gefühl der Fremdheit und des Bedürfnisses nach Einsamkeit empfunden hat, ein Gefühl, das sich mit dem Lebensalter noch steigert. Man empfindet scharf, aber ohne Bedauern die Grenze der Verständigung und Konsonanz mit anderen Menschen. Wohl verliert ein solcher Mensch einen Teil der Harmlosigkeit und des Unbekümmertseins, aber er ist dafür von den Meinungen, Gewohnheiten und Urteilen der Mitmenschen weitgehend unabhängig und kommt nicht in die Versuchung, sein Gleichgewicht auf solch unsolide Grundlage zu stellen.

Mein politisches Ideal ist das demokratische. Jeder soll als Person respektiert und keiner vergöttert sein. Eine Ironie des Schicksals, daß die andern Menschen mir selbst viel zuviel Bewunderung und Verehrung entgegengebracht haben, ohne meine Schuld und ohne mein Verdienst. Es mag wohl von dem für viele unerfüllbaren Wunsch herrühren, die paar Gedanken zu verstehen, die ich mit meinen schwachen Kräften in unablässigem Ringen gefunden habe. Ich weiß zwar sehr wohl, daß es zur Erreichung jedes organisatorischen Zieles nötig ist, daß einer denke, anordne und im Großen die Verantwortung trage. Aber die Geführten sollen nicht gezwungen sein, sondern den Führer wählen können. Ein autokratisches System des Zwanges degeneriert nach meiner Überzeugung in kurzer Zeit. Denn Gewalt zieht stets moralisch Minderwertige an, und es ist nach meiner Überzeugung Gesetz, daß geniale Tyrannen Schurken als Nachfolger haben. Aus diesem Grunde bin ich stets leidenschaftlicher Gegner solcher Systeme gewesen, wie wir es heute in Italien und Rußland erleben. Was die im gegenwärtigen Europa herrschende demokratische Form in Mißkredit gebracht hat, ist nicht der demokratischen Grundidee zur Last zu legen, sondern dem Mangel an Stabilität der Spitzen der Regierungen und dem unpersönlichen Charakter des Wahlmodus. Ich glaube aber, daß die Vereinigten Staaten von Nordamerika in dieser Beziehung das Richtige getroffen haben: sie haben nämlich einen auf genügend lange Zeit gewählten, verantwortlichen Präsidenten, der genug Macht hat, um tatsächlich Träger der Verantwortung zu sein. Dagegen schätze ich an unserem Staatsbetrieb die weitergehende Fürsorge für das Individuum im Falle von Krankheit und Not. Als das eigentlich Wertvolle im menschlichen Getriebe empfinde ich nicht den Staat, sondern das schöpferische und fühlende Individuum, die Persönlichkeit: sie allein schafft das Edle und Sublime, während die Herde als solche stumpf im Denken und stumpf im Fühlen bleibt.

Bei diesem Gegenstand komme ich auf die schlimmste Ausgeburt des Herdenwesens zu reden: auf das mir verhaßte Militär! Wenn einer mit Vergnügen in Reih und Glied zu einer Musik marschieren kann, dann verachte ich ihn schon; er hat sein großes Gehirn nur aus Irrtum bekommen, da für ihn das Rückenmark schon völlig genügen würde. Diesen Schandfleck der Zivilisation sollte man so schnell wie möglich zum Verschwinden bringen. Heldentum auf Kommando, sinnlose Gewalttat und die leidige Vaterländerei, wie glühend hasse ich sie, wie gemein und verächtlich erscheint mir der Krieg; ich möchte mich lieber in Stücke schlagen lassen, als mich an einem so elenden Tun beteiligen! Ich denke immerhin so gut von der Menschheit, daß ich glaube, dieser Spuk wäre schon längst verschwunden, wenn der gesunde Sinn der Völker nicht von geschäftlichen und politischen Interessenten durch Schule und Presse systematisch korrumpiert würde.

Das Schönste, was wir erleben können, ist das Geheimnisvolle. Es ist das Grundgefühl, das an der Wiege von wahrer Kunst und Wissenschaft steht. Wer es nicht kennt und sich nicht mehr wundern, nicht mehr staunen kann, der ist sozusagen tot und sein Auge erloschen. Das Erlebnis des Geheimnisvollen – wenn auch mit Furcht gemischt – hat auch die Religion gezeugt. Das Wissen um die Existenz des für uns Undurchdringlichen, der Manifestationen tiefster Vernunft und leuchtendster Schönheit, die unserer Vernunft nur in ihren primitivsten Formen zugänglich sind, dies Wissen und Fühlen macht wahre Religiosität aus; in diesem Sinn und nur in diesem gehöre ich zu den tief religiösen Menschen. Einen Gott, der die Objekte seines Schaffens belohnt und bestraft, der überhaupt einen Willen hat nach Art desjenigen, den wir an uns selbst erleben, kann ich mir nicht einbilden. Auch ein Individuum, das seinen körperlichen Tod überdauert, mag und kann ich mir nicht denken; mögen schwache Seelen aus Angst oder lächerlichem Egoismus solche Gedanken nähren. Mir genügt das Mysterium der Ewigkeit des Lebens und das Bewußtsein und die Ahnung von dem wunderbaren Bau des Seienden sowie das ergebene Streben nach dem Begreifen eines noch so winzigen Teiles der in der Natur sich manifestierenden Vernunft.

Vom Sinn des Lebens

Welches ist der Sinn unseres Lebens, welches der Sinn des Lebens aller Lebewesen überhaupt? Eine Antwort auf diese Frage wissen, heißt religiös sein. Du fragst: Hat es denn überhaupt einen Sinn, diese Frage zu stellen? Ich antworte: Wer sein eigenes Leben und das seiner Mitmenschen als sinnlos empfindet, der ist nicht nur unglücklich, sondern auch kaum lebensfähig.

Der wahre Wert eines Menschen

ist in erster Linie dadurch bestimmt, in welchem Grad und in welchem Sinn er zur Befreiung vom Ich gelangt ist.

Vom Reichtum

Ich bin fest davon durchdrungen, daß keine Reichtümer der Welt die Menschheit weiterbringen können, auch nicht in der Hand eines dem Ziele noch so ergebenen Menschen. Nur das Beispiel großer und reiner Persönlichkeit kann zu edlen Auffassungen und Taten führen. Das Geld zieht nur den Eigennutz an und verführt stets unwiderstehlich zum Mißbrauch.

Kann sich jemand Moses, Jesus oder Gandhi bewaffnet mit Carnegies Geldsack vorstellen?

Gemeinschaft und Persönlichkeit

Wenn wir über unser Leben und Streben nachdenken, so bemerken wir bald, daß fast all unser Tun und Wünschen an die Existenz anderer Menschen gebunden ist. Wir bemerken, daß wir unserer ganzen Art nach den gesellig lebenden Tieren ähnlich sind. Wir essen Speisen, die von anderen Menschen erzeugt sind, wir tragen Kleidungsstücke, die andere Menschen hergestellt haben, und bewohnen Häuser, die andere Menschen gebaut haben. Das meiste, was wir wissen und glauben, haben uns andere Menschen mitgeteilt mittels einer Sprache, die andere geschaffen haben. Unser Denkvermögen wäre ohne Sprache gar ärmlich, dem der höheren Tiere vergleichbar, so daß wir wohl gestehen müssen, daß wir dasjenige, was wir den Tieren in erster Linie voraushaben, unserem Leben in menschlicher Gemeinschaft zu verdanken haben. Der einzelne – von Geburt an allein gelassen – würde in seinem Denken und Fühlen tierähnlich-primitiv bleiben in einem Maß, das wir uns nur schwer vorzustellen vermögen. Was der einzelne ist und bedeutet, ist er nicht so sehr als Einzelgeschöpf, sondern als Glied einer großen menschlichen Gemeinschaft, die sein materielles und seelisches Dasein von der Geburt bis zum Tod leitet.

Was ein Mensch für seine Gemeinschaft wert ist, hängt in erster Linie davon ab, inwieweit sein Fühlen, Denken und Handeln auf die Förderung des Daseins anderer Menschen gerichtet ist. Je nach der Einstellung eines Menschen in dieser Beziehung pflegen wir ihn als gut oder schlecht zu bezeichnen.

Es sieht auf den ersten Blick so aus, wie wenn die sozialen Eigenschaften eines Menschen allein für seine Beurteilung maßgebend wären.

Und doch wäre eine solche Auffassung nicht richtig. Es läßt sich leicht erkennen, daß alle die materiellen, geistigen und moralischen Güter, die wir von der Gesellschaft empfangen, im Lauf der unzähligen Generationen von schöpferischen Einzelpersönlichkeiten herstammen. Einer hat einmal den Gebrauch des Feuers, einer den Anbau von Nährpflanzen, einer die Dampfmaschine erfunden.

Nur das einzelne Individuum kann denken und dadurch für die Gesellschaft neue Werte schaffen, ja selbst neue moralische Normen aufstellen, nach welchen sich das Leben der Gemeinschaft vollzieht. Ohne schöpferische, selbständig denkende und urteilende Persönlichkeiten ist eine Höherentwicklung der Gesellschaft ebensowenig denkbar wie die Entwicklung der einzelnen Persönlichkeit ohne den Nährboden der Gemeinschaft.

Eine gesunde Gesellschaft ist also ebenso an Selbständigkeit der Individuen geknüpft wie an deren innige soziale Verbundenheit. Es ist mit viel Berechtigung gesagt worden, daß die griechisch-europäisch-amerikanische Kultur überhaupt, im besonderen die Kulturblüte der die Stagnation des Mittelalters in Europa ablösenden italienischen Renaissance, auf der Befreiung und auf der relativen Isolierung des Individuums beruhe.

Blicken wir nun auf die Zeit, in der wir leben! Wie steht es mit der Gemeinschaft, wie mit der Persönlichkeit? Die Bevölkerung in den Kulturländern ist gegenüber früheren Zeiten ungemein dicht; Europa beherbergt heute ungefähr dreimal soviel Menschen als vor hundert Jahren. Aber die Zahl der Führernaturen hat unverhältnismäßig abgenommen. Nur wenige Menschen sind durch ihre produktive Leistung den Massen als

Persönlichkeiten bekannt. Organisation hat bis zu einem gewissen Maße die Führernaturen ersetzt, besonders auf dem Gebiet der Technik, aber in einem recht fühlbaren Grad auch auf dem Gebiet der Wissenschaft.

Besonders empfindlich macht sich der Mangel an Individualitäten auf dem Gebiet der Kunst bemerkbar. Malerei und Musik sind deutlich degeneriert und haben ihre Resonanz im Volke weitgehend verloren. In der Politik fehlt es nicht nur an Führern, sondern die geistige Selbständigkeit und das Rechtsgefühl des Bürgers sind weitgehend gesunken. Die demokratische, parlamentarische Organisation, welche eine solche Selbständigkeit zur Voraussetzung hat, ist an vielen Orten ins Wanken geraten; Diktaturen sind entstanden und werden geduldet, weil das Gefühl für die Würde und das Recht der Persönlichkeit nicht mehr genügend lebendig ist. In zwei Wochen kann durch die Zeitungen die urteilslose Menge in irgendeinem Lande in einen Zustand solcher Wut und Aufregung versetzt werden, daß die Männer bereit sind, als Soldaten gekleidet zu töten und sich töten zu lassen für die nichtswürdigen Ziele irgendwelcher Interessenten. Die militärische Dienstpflicht scheint mir das beschämendste Symptom für den Mangel an persönlicher Würde zu sein, unter dem unsere Kulturmenschheit heute leidet. Dementsprechend fehlt es nicht an Propheten, welche unserer Kultur den baldigen Untergang prophezeien. Ich gehöre nicht zu diesen Pessimisten, sondern glaube an eine bessere Zukunft. Diese Zuversicht möchte ich noch kurz begründen:

Die gegenwärtigen Verfallserscheinungen beruhen nach meiner Meinung darauf, daß die Entwicklung der Wirtschaft und Technik den Daseinskampf der Menschen sehr verschärft hat, so daß die freie Entwicklung der Individuen schweren Schaden gelitten hat. Die Entwicklung der Technik fordert aber von dem Individuum immer weniger Arbeit für die Befriedigung des Bedarfs der Gesamtheit. Eine planvolle Verteilung der Arbeit wird immer mehr zur gebieterischen Notwendigkeit, und diese Verteilung wird zu einer materiellen Sicherung der Individuen führen. Diese Sicherung aber sowie die freie Zeit und Kraft, die dem Individuum übrigbleiben werden, vermögen der Entwicklung der Persönlichkeit günstig zu sein. So kann die Gemeinschaft wieder gesunden, und wir wollen hoffen, daß spätere Historiker die sozialen Krankheitserscheinungen unserer Zeit als Kinderkrankheiten einer höherstrebenden Menschheit deuten werden, die lediglich durch zu rasches Tempo des Kulturprozesses veranlaßt waren.

Der Staat und das individuelle Gewissen

Es ist eine uralte Frage: Wie soll sich der Mensch verhalten, wenn der Staat ihm Handlungen vorschreibt, die Gesellschaft von ihm eine Haltung erwartet, die das eigene Gewissen als unrecht verwirft?

Die Antwort liegt nahe: Du bist völlig abhängig von der Gesellschaft, in der du lebst. Du mußt dich deshalb ihren Vorschriften unterwerfen. Du kannst nicht für solche Handlungen verantwortlich gemacht werden, die unter unwiderstehlichem Zwang zustande kommen.

Man braucht dies nur deutlich auszusprechen, um zu bemerken, wie sehr eine solche Auffassung dem normalen Rechtsgefühl widerstreitet. Äußerer Zwang kann die Verantwortung des Individuums in gewissem Sinn mildern, aber nicht aufheben. Bei Gelegenheit der Nürnberger Prozesse hat man diesen Standpunkt gewissermaßen als selbstverständlich eingenommen.

Was an unseren Institutionen, Gesetzen und Sitten moralisch wertvoll ist, stammt aus den Äußerungen des Rechtsgefühls zahlloser Individuen. Einrichtungen sind im moralischen

Sinn ohnmächtig, wenn sie nicht durch das Verantwortungsgefühl lebendiger Individuen gestützt und getragen werden.

Das Bestreben, das moralische Verantwortungsgefühl der Individuen zu wecken und zu stützen, ist daher wichtiger Dienst an der Gesamtheit.

In unserer Zeit lastet auf den Vertretern der Naturwissenschaften und auf den Ingenieuren eine besonders große moralische Verantwortung, da die Entwicklung der Werkzeuge militärischer Massenvernichtung in das Gebiet ihrer Tätigkeit fällt. Deshalb erscheint mir die Gründung einer »Society for Social Responsibility in Science« einem wahren Bedürfnis zu entsprechen. Solche Vereinigung erleichtert es durch Diskussion der Probleme dem einzelnen, sich zu einem selbständigen Urteil durchzuringen über den von ihm zu wählenden Weg. Ferner ist gegenseitige Hilfe derer dringend nötig, die dadurch in eine schwierige Lage kommen, daß sie der Stimme ihres Gewissens folgen.

Gut und Böse

Es ist im Prinzip richtig, daß denen die meiste Liebe entgegengebracht werden soll, die zur Veredelung der Menschen und des menschlichen Lebens am meisten beigetragen haben. Wenn man aber weiter fragt, was für Menschen das seien, gerät man in nicht geringe Schwierigkeiten. Bei den politischen, ja, sogar bei den religiösen Führern ist es meist recht zweifelhaft, ob sie mehr Gutes oder Schlechtes bewirkt haben. Ich glaube daher allen Ernstes, daß man den Menschen am besten dient, indem man sie mit einer edlen Sache beschäftigt und dadurch indirekt veredelt. Dies gilt in erster Linie von den bedeutendsten Künstlern, in zweiter Linie aber auch von den Forschern. Es ist richtig, daß die Ergebnisse der Forschung den Menschen nicht veredeln und bereichern, wohl aber das Streben nach dem Verstehen, die produktive und rezeptive geistige Arbeit. So wäre es doch gewiß auch schlecht angebracht, wenn man den Wert des Talmud nach seinen intellektuellen Ergebnissen beurteilen wollte!

Religion und Wissenschaft

Alles, was von den Menschen getan und erdacht wird, gilt der Befriedigung gefühlter Bedürfnisse sowie der Stillung von Schmerzen. Dies muß man sich immer vor Augen halten, wenn man geistige Bewegungen und ihre Entwicklung verstehen will. Denn Fühlen und Sehnen sind der Motor alles menschlichen Strebens und Erzeugens, mag sich uns letzteres auch noch so erhaben darstellen. Welches sind nun die Gefühle und Bedürfnisse, welche die Menschen zu religiösen Denken und zum Glauben im weitesten Sinne gebracht haben? Wenn wir hierüber nachdenken, so sehen wir bald, daß an der Wiege des religiösen Denkens und Erlebens die verschiedensten Gefühle stehen. Beim Primitiven ist es in erster Linie die Furcht, die religiöse Vorstellungen hervorruft. Furcht vor Hunger, wilden Tieren, Krankheit, Tod. Da auf dieser Stufe des Daseins die Einsicht in die kausalen Zusammenhänge gering zu sein pflegt, spiegelt uns der menschliche Geist selbst mehr oder minder analoge Wesen vor, von deren Wollen und Wirken die gefürchteten Erlebnisse abhängen. Man denkt nun, die Gesinnung jener Wesen sich günstig zu stimmen, indem man Handlungen begeht und Opfer bringt, welche nach dem von Geschlecht zu Geschlecht überlieferten Glauben jene Wesen besänftigen bzw. dem Menschen geneigt machen. Ich spreche in diesem Sinne von Furcht-Religion. Diese wird nicht erzeugt, aber doch wesentlich stabilisiert durch die Bildung einer besonderen Priesterkaste, welche sich als Mittlerin zwischen den gefürchteten Wesen und dem Volke ausgibt und hierauf eine Vormachtstellung gründet. Oft verbindet der auf andere Faktoren sich stützende Führer oder Herrscher bzw. eine privilegierte Klasse mit ihrer weltlichen Herrschaft zu deren Sicherung die priesterlichen Funktionen, oder es besteht eine Interessengemeinschaft zwischen der politisch herrschenden Kaste und der Priesterkaste.

Eine zweite Quelle religiösen Gestaltens sind die sozialen Gefühle. Vater und Mutter, Führer größerer menschlicher Gemeinschaften sind sterblich und fehlbar. Die Sehnsucht nach Führung, Liebe und Stütze gibt den Anstoß zur Bildung des sozialen bzw. des moralischen Gottesbegriffes. Es ist der Gott der Vorsehung, der beschützt, bestimmt, belohnt und bestraft. Es ist der Gott, der je nach dem Horizont des Menschen das Leben des Stammes, der Menschheit, ja das Leben überhaupt liebt und fördert, der Tröster in Unglück und ungestillter Sehnsucht, der die Seelen der Verstorbenen bewahrt. Dies ist der soziale oder moralische Gottesbegriff.

In der heiligen Schrift des jüdischen Volkes läßt sich die Entwicklung von der Furcht-Religion zur moralischen Religion schön beobachten. Ihre Fortsetzung hat sie im Neuen Testament gefunden. Die Religionen aller Kulturvölker, insbesondere auch der Völker des Orients, sind in der Hauptsache moralische Religionen. Die Entwicklung von der Furcht-Religion zur moralischen Religion bildet einen wichtigen Fortschritt im Leben der Völker. Man muß sich vor dem Vorurteil hüten, als seien die Religionen der Primitiven reine Furcht-Religionen, diejenigen der kultivierten Völker reine Moral-Religionen. Alle sind vielmehr Mischtypen, so jedoch, daß auf den höheren Stufen sozialen Lebens die Moral-Religion vorherrscht.

All diesen Typen gemeinsam ist der anthropomorphe Charakter der Gottesidee. Über diese Stufe religiösen Erlebens pflegen sich nur besonders reiche Individuen und besonders edle Gemeinschaften wesentlich zu erheben. Bei allen aber gibt es noch eine dritte Stufe religiösen Erlebens, wenn auch nur selten reiner Ausprägung; ich will sie als kosmische Religiosität bezeichnen. Diese läßt sich demjenigen, der nichts davon besitzt, nur schwer deutlich machen, zumal ihr kein menschenartiger Gottesbegriff entspricht.

Das Individuum fühlt die Nichtigkeit menschlicher Wünsche und Ziele und die Erhabenheit und wunderbare Ordnung, welche sich in der Natur sowie in der Welt des Gedankens offenbart. Es empfindet das individuelle Dasein als eine Art Gefängnis und will die Gesamtheit des Seienden als ein Einheitliches und Sinnvolles erleben. Ansätze zur kosmischen Religiosität finden sich bereits auf früher Entwicklungsstufe, z. B. in manchen Psalmen Davids sowie bei einigen Propheten. Viel stärker ist die Komponente kosmischer Religiosität im Buddhismus, was uns besonders Schopenhauers wunderbare Schriften gelehrt haben. – Die religiösen Genies aller Zeiten waren durch diese kosmische Religiosität ausgezeichnet, die keine Dogmen und keinen Gott kennt, der nach dem Bild des Menschen gedacht wäre. Es kann daher auch keine Kirche geben, deren hauptsächlicher Lehrinhalt sich auf die kosmische Reliosität gründet. So kommt es, daß wir gerade unter den Häretikern aller Zeiten Menschen finden, die von dieser höchsten Religiosität erfüllt waren und ihren Zeitgenossen oft als Atheisten erschienen, manchmal auch als Heilige. Von diesem Gesichtspunkt aus betrachtet, stehen Männer wie Demokrit, Franziskus von Assisi und Spinoza einander nahe.

Wie kann kosmische Religiosität von Mensch zu Mensch mitgeteilt werden, wenn sie doch zu keinem geformten Gottesbegriff und zu keiner Theologie führen kann? Es scheint mir, daß es die wichtigste Funktion der Kunst und der Wissenschaft ist, dies Gefühl unter den Empfänglichen zu erwecken und lebendig zu erhalten.

So kommen wir zu einer Auffassung von der Beziehung der Wissenschaft zur Religion, die recht verschieden ist von der üblichen. Man ist nämlich nach der historischen Betrachtung geneigt, Wissenschaft und Religion als unversöhnliche Antagonisten zu halten, und zwar aus einem leichtverständlichen Grund. Wer von der kausalen Gesetzmäßigkeit allen Geschehens durchdrungen ist, für den ist die Idee eines Wesens, welches in den Gang des Weltgeschehens eingreift, ganz unmöglich – vorausgesetzt allerdings, daß er es mit der Hypothese der Kausalität wirklich ernst nimmt. Die Furcht-Religion hat bei ihm keinen Platz, aber ebensowenig die soziale bzw. moralische Religion. Ein Gott, der belohnt und bestraft, ist für ihn schon darum undenkbar, weil der Mensch nach äußerer und innerer gesetzlicher Notwendigkeit handelt, vom Standpunkt Gottes aus also nicht verantwortlich wäre, sowenig wie ein lebloser Gegenstand für die von ihm ausgeführten Bewegungen. Man hat deshalb schon der Wissenschaft vorgeworfen, daß sie die Moral untergrabe, jedoch gewiß mit Unrecht. Das ethische Verhalten des Menschen ist wirksam auf Mitgefühl, Erziehung und soziale Bindung zu gründen und bedarf keiner religiösen Grundlage. Es stünde traurig um die Menschen, wenn sie durch Furcht vor Strafe und Hoffnung auf Belohnung nach dem Tode gebändigt werden müßten.

Es ist also verständlich, daß die Kirchen die Wissenschaft von jeher bekämpft und ihre Anhänger verfolgt haben. Andererseits aber behaupte ich, daß die kosmische Religiosität die stärkste und edelste Triebfeder wissenschaftlicher Forschung ist. Nur wer die ungeheuren Anstrengungen und vor allem die Hingabe ermessen kann, ohne welche bahnbrechende wissenschaftliche Gedankenschöpfungen nicht zustande kommen können, vermag die Stärke des Gefühls zu ermessen, aus dem allein solche dem unmittelbar praktischen Leben abgewandte Arbeit erwachsen kann. Welch ein tiefer Glaube an die Vernunft des Weltenbaues und welche Sehnsucht nach dem Begreifen wenn auch nur eines geringen Abglanzes der in dieser

Welt geoffenbarten Vernunft mußte in Kepler und Newton lebendig sein, daß sie den Mechanismus der Himmelsmechanik in der einsamen Arbeit vieler Jahre entwirren konnten! Wer die wissenschaftliche Forschung in der Hauptsache nur aus ihren praktischen Auswirkungen kennt, kommt leicht zu einer ganz unzutreffenden Auffassung vom Geisteszustand der Männer, welche – umgeben von skeptischen Zeitgenossen – Gleichgesinnten die Wege gewiesen haben, die über die Länder der Erde und über die Jahrhunderte verstreut waren. Nur wer sein Leben ähnlichen Zielen hingegeben hat, besitzt eine lebendige Vorstellung davon, was diese Menschen beseelt und ihnen die Kraft gegeben hat, trotz unzähliger Mißerfolge dem Ziel treu zu bleiben. Es ist die kosmische Religiosität, die solche Kräfte spendet. Ein Zeitgenosse hat nicht mit Unrecht gesagt, daß die ernsthaften Forscher in unserer im allgemeinen materialistisch eingestellten Zeit die einzigen tief religiösen Menschen seien.

Die Religiosität der Forschung

Sie werden schwerlich einen tiefer schürfenden wissenschaftlichen Geist finden, dem nicht eine eigentümliche Religiosität eigen ist. Diese Religiosität unterscheidet sich aber von derjenigen des naiven Menschen. Letzterem ist Gott ein Wesen, von dessen Sorgfalt man hofft, dessen Strafe man fürchtet – ein sublimiertes Gefühl von der Art der Beziehung des Kindes zum Vater, ein Wesen, zu dem man gewissermaßen in einer persönlichen Beziehung steht, so respektvoll diese auch sein mag.

Der Forscher aber ist von der Kausalität allen Geschehens durchdrungen. Die Zukunft ist ihm nicht minder notwendig und bestimmt wie die Vergangenheit. Das Moralische ist ihm keine göttliche, sondern eine rein menschliche Angelegenheit. Seine Religiosität liegt im verzückten Staunen über die Harmonie der Naturgesetzlichkeit, in der sich eine so überlegene Vernunft offenbart, daß alles Sinnvolle menschlichen Denkens und Anordnens dagegen ein gänzlich nichtiger Abglanz ist. Dies Gefühl ist das Leitmotiv seines Lebens und Strebens, insoweit dieses sich über die Knechtschaft selbstischen Wünschens erheben kann. Unzweifelhaft ist dies Gefühl nahe verwandt demjenigen, das die religiös schöpferischen Naturen aller Zeiten erfüllt hat.

Verlorenes Paradies

Noch im 17. Jahrhundert sind die Wissenschaftler und Künstler von ganz Europa so fest durch ein gemeinsames idealistisches Band verbunden gewesen, daß ihre Zusammenarbeit durch die politischen Ereignisse kaum beeinflußt wurde. Der Allgemeingebrauch der lateinischen Sprache festigte noch die Gemeinschaft. Heute schauen wir auf diese Situation wie auf ein verlorenes Paradies. Die nationalen Leidenschaften haben die Gemeinschaft der Geister zerstört, und die lateinische Sprache, die ehedem alle einte, ist tot. Die Wissenschaftler, die zu Vertretern der radikalsten nationalen Traditionen geworden sind, haben den Sinn für die Gemeinschaft verloren.

Heute stehen wir vor der bestürzenden Tatsache, daß die Politiker, die Männer des praktischen Lebens, die Träger des internationalen Gedankens geworden sind. Sie sind es, die den Völkerbund geschaffen haben.

Die Notwendigkeit der ethischen Kultur

Es ist mir ein Bedürfnis, Ihrer »Gesellschaft für Ethische Kultur« anläßlich ihres Jubiläums Glück und Erfolg zu wünschen. Freilich ist es keine Gelegenheit, um uns mit Genugtuung an das zu erinnern, was ehrliches Streben auf dem moralischen Gebiet in diesen 75 Jahren erreicht hat. Denn man kann nicht behaupten, daß die moralische Gestaltung des menschlichen Lebens im großen heute vollkommener ist als im Jahre 1876.

Damals herrschte die Meinung vor, daß alles erhofft werden könnte von der Aufklärung wissenschaftlich konstatierbarer Tatsachen und von der Bekämpfung von Vorurteil und Aberglauben. All dies ist in der Tat wichtig und des Strebens der Besten würdig. In dieser Beziehung ist in diesen 75 Jahren vieles erreicht und durch die Literatur und die Bühne verbreitet worden.

Aber das Wegräumen der Hindernisse allein führt noch nicht zu einer Veredelung des sozialen und individuellen Daseins. Neben diesem negativen Wirken ist das positive Streben nach einer ethisch-moralischen Gestaltung des menschlichen Zusammenlebens von überragender Bedeutung. Hier kann uns keine Wissenschaft erlösen. Ich glaube sogar, daß die Überbetonung der rein intellektuellen, oft nur auf das Faktische und Praktische gerichteten Einstellung in unserer Erziehung direkt zu einer Gefährdung der ethischen Werte geführt hat. Ich denke dabei nicht so sehr an die Gefahren, die der technische Fortschritt den Menschen direkt gebracht hat, als an die Überwucherung der gegenseitigen menschlichen Rücksichten durch ein »matter of fact«-Denken, das sich wie ein erstarrender Frost über die menschlichen Beziehungen gelegt hat.

Die moralische und ästhetische Vervollkommnung ist ein Ziel, das den Bemühungen der Kunst näher steht als denen der Wissenschaft. Wohl ist das Verstehen der Nächsten von Bedeutung. Dies Verstehen wird aber nur fruchtbar, wenn es von Mit-Freude und von Mit-Leid getragen ist. Die Pflege dieser wichtigsten Triebfedern moralischen Handelns ist es, was von der Religion übrigbleibt, wenn man sie von der Komponente des Aberglaubens gereinigt hat. In diesem Sinne bildet die Religion einen wichtigen Teil der Erziehung, der viel zuwenig und besonders auch zuwenig systematisch Berücksichtigung findet. Das furchtbare Dilemma der politischen Weltsituation hat viel zu tun mit jener Unterlassungssünde unserer Zivilisation. Ohne »ethische Kultur« gibt es keine Rettung für die Menschen.

Faschismus und Wissenschaft

Brief an Minister Rocco in Rom

Sehr geehrter Herr Kollege!

Zwei der bedeutendsten und angesehensten Männer der Wissenschaft Italiens wenden sich an mich in ihrer Gewissensnot und ersuchen mich, daß ich Ihnen schreiben möchte, damit womöglich eine grausame Härte vermieden wird, die den italienischen Gelehrten droht. Es handelt sich um eine Eidesformel, in welcher die Treue zum faschistischen System gelobt werden soll. Die Bitte geht dahin, Sie möchten Herrn Mussolini den Rat geben, er möge der Blüte der Intelligenz Italiens diese Erniedrigung ersparen.

Wie verschieden unsere politischen Überzeugungen auch sein mögen, in einem fundamentalen Punkt weiß ich mich mit Ihnen einig: wir sehen und lieben beide in den Blüten der europäischen Geistesentwicklung unsere höchsten Güter. Diese ruhen auf der Freiheit der Überzeugung und der Lehre, auf dem Grundsatz, daß das Streben nach Wahrheit allem andern Streben vorangestellt werden muß. Nur auf dieser Basis konnte in Griechenland unsere Kultur entstehen und in Italien zur Zeit der Renaissance ihre Auferstehung feiern. Dies höchste Gut ist mit dem Märtyrerblut reiner und großer Männer bezahlt worden, um derentwillen Italien heute noch geliebt und verehrt wird.

Es liegt mir fern, mit Ihnen darüber zu rechten, was für Eingriffe in die Freiheit der Menschen durch die Staatsraison gerechtfertigt werden dürfen. Aber das von praktischen Interessen des Alltags losgelöste Streben nach wissenschaftlicher Wahrheit sollte jeder Staatsgewalt heilig sein, und es liegt im höchsten Interesse aller, daß die aufrichtigen Diener der Wahrheit in Ruhe gelassen werden. Dies liegt gewiß auch im Interesse des italienischen Staates und seines Ansehens in der Welt.

Von der Freiheit der Lehre

Zum »Fall Gumbel«

Zahlreich sind die Lehrkanzeln, aber selten die weisen und edlen Lehrer. Zahlreich und groß sind die Hörsäle, doch wenig zahlreich die jungen Menschen, die ehrlich nach Wahrheit und Gerechtigkeit dürsten. Zahlreich spendet die Natur ihre Dutzendware, aber das Feinere erzeugt sie selten.

Das wissen wir alle, warum also klagen? War es nicht immer so, und wird es nicht immer so bleiben? Gewiß ist es so, und man muß das von Natur Gegebene hinnehmen, wie es eben ist. Aber es gibt daneben auch einen Zeitgeist, eine der Generation eigentümliche Gesinnung, die sich von Mensch zu Mensch überträgt und die einer Gemeinschaft ihr charakteristisches Gepräge gibt. An der Wandlung dieses Zeitgeistes muß jeder sein kleines Teil arbeiten.

Vergleichen Sie den Geist, der in der hiesigen akademischen Jugend vor einem Jahrhundert lebendig war, mit dem heute lebendigen! Es gab einen Glauben an eine Besserung der menschlichen Gesellschaft, Hochachtung vor jeder ehrlichen Meinung, jene Toleranz, für die unsere Klassiker gelebt und gekämpft haben. Es gab damals ein Streben nach einer größeren politischen Einheit, welche Deutschland hieß. Damals war es die akademische Jugend und waren es die akademischen Lehrer, in denen diese Ideale lebten.

Auch heute gibt es ein Streben nach sozialem Fortschritt, nach Toleranz und Freiheit des Gedankens, nach einer größeren politischen Einheit, die bei uns heute Europa heißt. Heute aber ist die akademische Jugend nicht mehr die Trägerin der Hoffnungen und Ideale des Volkes, sowenig wie die akademische Lehrerschaft. Dies muß jeder zugeben, der ohne Leidenschaft, mit nüchternem Blick, unsere Zeit betrachtet.

Wir sind heute zusammengekommen, um uns auf uns selbst zu besinnen. Der äußere Anlaß zu dieser Zusammenkunft ist der »Fall Gumbel«. Dieser von Gerechtigkeitssinn getragene Mann hat mit hingebendem Fleiß, mit hohem Mut und mit musterhafter Objektivität über ungesühnte politische Verbrechen geschrieben und durch seine Bücher der Gemeinschaft einen großen Dienst erwiesen. Wir erleben es, daß dieser Mann heute von der Studentenschaft und zum Teil auch von der Lehrerschaft seiner Hochschule bekämpft und zu verdrängen gesucht wird.

So weit darf politische Leidenschaft nicht gehen. Ich bin der Überzeugung, daß jeder, der Herrn Gumbels Bücher mit offenem Geiste liest, davon einen ähnlichen Eindruck haben wird wie ich selbst. Solcher Männer bedarf es, wenn wir es zu einer gesunden politischen Gemeinschaft bringen sollen.

Urteile jeder nach seinem eigenen Ermessen, auf Grund seiner eigenen Lektüre, aber nicht nach dem, was andere ihm sagen!

Geschieht dies, so kann der »Fall Gumbel« nach einem wenig rühmlichen Anfang noch Gutes bewirken.

Neuzeitliche Inquisitionsmethoden

Das Problem, vor welches sich die Intelligenz dieses Landes gestellt sieht, ist ein sehr ernstes. Es ist den reaktionären Politikern gelungen, durch Vorspiegelung einer äußeren Gefahr das Publikum gegen alle intellektuellen Bemühungen mißtrauisch zu machen. Auf der Basis dieses Erfolges sind sie daran, die freie Lehre zu unterdrücken und die nicht Gefügsamen aus allen Stellungen zu verdrängen, d. h. auszuhungern.

Was soll die Minderheit der Intellektuellen gegen dieses Übel tun? Ich sehe offengestanden nur den revolutionären Weg der Verweigerung der Zusammenarbeit im Sinne von Gandhi. Jeder Intellektuelle, der vor ein Komitee vorgeladen wird, müßte jede Aussage verweigern, d. h. bereit sein, sich einsperren und wirtschaftlich ruinieren zu lassen, kurz, seine persönlichen Interessen den kulturellen Interessen des Landes zu opfern.

Diese Verweigerung dürfte aber nicht gegründet werden auf den bekannten Trick der möglichen Selbstinkrimierung, sondern darauf, daß es eines unbescholtenen Bürgers unwürdig ist, sich solcher Inquisition zu unterziehen, und daß diese Art Inquisition gegen den Geist der Verfassung verstoße. Wenn sich genug Personen finden, die diesen harten Weg zu gehen bereit sind, wird ihnen Erfolg beschieden sein. Wenn nicht, dann verdienen die Intellektuellen dieses Landes nichts Besseres als die Sklaverei, die ihnen zugedacht ist.

Erziehung zu selbständigem Denken

Es ist nicht genug, den Menschen ein Spezialfach zu lehren. Dadurch wird er zwar zu einer Art benutzbarer Maschine, aber nicht zu einer vollwertigen Persönlichkeit. Es kommt darauf an, daß er ein lebendiges Gefühl dafür bekommt, was zu erstreben wert ist. Er muß einen lebendigen Sinn dafür bekommen, was schön und was moralisch gut ist. Sonst gleicht er mit seiner spezialisierten Fachkenntnis mehr einem wohlabgerichteten Hund als einem harmonisch entwickelten Geschöpf. Er muß die Motive der Menschen, deren Illusionen, deren Leiden verstehen lernen, um eine richtige Einstellung zu den einzelnen Mitmenschen und zur Gemeinschaft zu erwerben.

Diese wertvollen Dinge werden der jungen Generation durch den persönlichen Kontakt mit den Lehrenden, nicht – oder wenigstens nicht in der Hauptsache – durch Textbücher vermittelt. Dies ist es, was Kultur in erster Linie ausmacht und erhält. Diese habe ich im Auge, wenn ich die »humanities« als wichtig empfehle, nicht einfach trockenes Fachwissen auf geschichtlichem und philosophischem Gebiet.

Überbetonung des kompetitiven Systems und frühzeitiges Spezialisieren unter dem Gesichtspunkt der unmittelbaren Nützlichkeit töten den Geist, von dem alles kulturelle Leben und damit schließlich auch die Blüte der Spezialwissenschaften abhängig ist.

Zum Wesen einer wertvollen Erziehung gehört es ferner, daß das selbständige kritische Denken im jungen Menschen entwickelt wird, eine Entwicklung, die weitgehend durch Überbürdung mit Stoff gefährdet wird (Punktsystem). Überbürdung führt notwendig zu Oberflächlichkeit und Kulturlosigkeit. Das Lehren soll so sein, daß das Dargebotene als wertvolles Geschenk und nicht als saure Pflicht empfunden wird.

Erziehung und Erzieher

Sehr geehrtes Fräulein!

Ich habe etwa sechzehn Seiten Ihres Manuskripts gelesen und – dabei geschmunzelt. Es ist alles klug, gut beobachtet, ehrlich, in gewissem Sinn selbständig und doch so eigentümlich weiblich, d.h. abhängig und getränkt mit Ressentiments. Ich wurde auch ähnlich behandelt von meinen Lehrern, die mich wegen meiner Unabhängigkeit nicht liebten, mich umgingen, wenn sie Assistenten brauchten (ich war allerdings als Student etwas liederlicher als Sie, das muß ich sagen). Aber es wäre mir nicht der Mühe wert gewesen, etwas über meine Schülererlebnisse zu schreiben, und noch viel weniger hätte ich es verantworten wollen, andere zum Drucken oder gar zum Lesen zu veranlassen. Zudem macht man immer eine schlechte Figur, wenn man sich über andere beklagt, die da neben einem in der ihnen konformen Weise nach Luft schnappen.

Stecken Sie also Ihr Temperament in die Tasche und bewahren Sie Ihr Manuskript auf für Ihre Söhne und Töchter, damit sie daraus Trost schöpfen und – darauf pfeifen, was ihre Lehrer ihnen sagen oder von ihnen denken.

Übrigens komme ich nur für Forschungsarbeit nach Princeton und nicht als Erzieher. Es wird überhaupt zuviel erzogen, besonders an amerikanischen Schulen. Es gibt keine andere vernünftige Erziehung, als Vorbild sein, wenn's nicht anders geht, ein abschreckendes.

An japanische Schulkinder

Wenn ich Euch japanischen Schulkindern diesen Gruß sende, so habe ich ein besonderes Recht dazu. Denn ich habe das schöne Japan selbst besucht, seine Städte, Häuser, seine Berge und Wälder gesehen und darin japanische Knaben, die dort Liebe zur Heimat schöpften. Auf meinem Tisch liegt stets ein großes, dickes Buch voll kolorierter Zeichnungen, die von japanischen Kindern stammen.

Wenn Ihr nun von so weit her meinen Gruß empfanget, so denket daran, daß erst unsere Zeit dazu geführt hat, daß sich Menschen verschiedener Länder in freundlicher und verständnisvoller Weise miteinander beschäftigen, während die Völker früherer Zeiten in gegenseitiger Unkenntnis dahinlebten, ja einander fürchteten oder haßten. Möge die Gesinnung brüderlichen Verständnisses unter den Völkern immer mehr an Boden gewinnen! In diesem Sinne begrüße ich, der Alte, Euch japanische Schulkinder aus weiter Ferne und hoffe, daß Eure Generation die meinige einst beschämen möge.

Lehrer und Schüler

Eine Ansprache an Kinder

Es ist die wichtigste Kunst des Lehrers, die Freude am Schaffen und am Erkennen zu erwecken.

Liebe Kinder!

Ich freue mich, euch an diesem Tag vor mir zu sehen, frohe Jugend eines sonnigen und gesegneten Landes.

Denkt daran, daß die wunderbaren Dinge, die ihr in euren Schulen kennenlernt, das Werk vieler Generationen sind, das in allen Ländern der Erde in begeistertem Streben und mit großer Mühe geschaffen worden ist. All dies wird als euer Erbe in eure Hände gelegt, damit ihr es empfanget, ehret, weiterbildet und treulich euren Kindern einst übermittelt. So sind wir Sterbliche in dem unsterblich, was wir an bleibenden Werken gemeinsam schaffen.

Wenn ihr daran stets denkt, werdet ihr im Leben und Streben einen Sinn finden und die richtige Gesinnung erlangen anderen Völkern und Zeiten gegenüber.

Die Davoser Hochschulkurse

Senatores boni viri, senatus autem bestia. So schrieb ein mir befreundeter schweizerischer Professor einmal in seiner launigen Weise an eine Univesitätsfakultät, die ihn geärgert hatte. Gemeinschaften pflegen weniger von Verantwortungsgefühl und Gewissen geleitet zu sein als Individuen. Wieviel schweres Leiden bringt der Menschheit diese Tatsache, Kriege und Unterdrückungen jeder Art, die die Erde mit Schmerz, Seufzern und Erbitterung erfüllen!

Und doch kann wahrhaft Wertvolles nur durch unpersönliches Zusammenwirken vieler zustande kommen. Daher ist dem Menschenfreund die größte Freude, wenn sich ein Gemeinschaftsunternehmen auftut und mit großen Opfern gegründet wird, dessen einziger Zweck es ist, lebens- und kulturfördernd zu wirken.

Eine solche reine Freude ward mir zuteil, als ich von den Davoser Hochschulkursen hörte. Da wird mit klugem Sinn und weiser Beschränkung ein Rettungswerk getan, dem eine ernste Not zugrunde liegt, wenn auch eine solche, die nicht jedem klar erkennbar daliegt. Mancher junge Mensch zieht in der Hoffnung auf die Heilkraft der sonnigen Berge in dies Tal und erlangt wieder die Gesundheit seines Körpers. Aber für lange Zeit der normalen willenstählenden Arbeit entzogen und dem Grübeln über den körperlichen Zustand ausgeliefert, verliert sich leicht die seelische Spannkraft, das Gefühl der Vollwertigkeit bezüglich des Lebenskampfes. Er wird gewissermaßen zur Treibhauspflanze und findet nach körperlicher Gesundung oft schwer den Weg zum normalen Leben zurück. Dies gilt besonders von der studierenden Jugend. Die Unterbrechung des geistigen Trainings in den maßgebenden Jahren der Entwicklung hinterläßt leicht eine Lücke, die sich später kaum mehr ausfüllen läßt.

Und doch ist mäßige geistige Arbeit der Gesundung im allgemeinen nicht abträglich, ja sogar indirekt nützlich, ebenso wie mäßige körperliche Arbeit. In dieser Erkenntnis werden die Hochschulkurse ins Leben gerufen, welche nicht nur beruflich vorbilden, sondern überhaupt zu geistiger Betätigung anregen sollen. Es soll Arbeit, Ausbildung und Hygiene auf geistigem Gebiet geboten werden.

Lasset uns auch nicht vergessen, daß dies Unternehmen in hervorragendem Maß dazu angetan ist, Beziehungen zwischen Menschen verschiedener Nationen herzustellen, die der Erstarkung eines europäischen Gemeinschaftsgefühls günstig sind. Die Wirksamkeit der neuen Institution in dieser Richtung dürfte eine um so vorteilhaftere sein, als die Umstände ihrer Entstehung jede politische Absicht von vornherein ausgeschlossen erscheinen lassen. Man nützt der Sache der internationalen Verständigung am meisten dadurch, daß man gemeinsam an einem lebenfördernden Werk arbeitet.

Aus all diesen Gesichtspunkten heraus freue ich mich, daß die Tatkraft und Klugheit der Institution der Davoser Hochschulkurse es bereits so weit gebracht hat, daß das Unternehmen über die Gründungsschwierigkeiten hinausgewachsen ist. Möge es gedeihen, vielen wertvollen Menschen innere Bereicherung bringen und manche aus der Armut des Sanatoriumsdaseins befreien!

Ansprache am Grabe von H. A. Lorentz 1853–1928

Als Vertreter der Gelehrten des deutschen Sprachgebietes und speziell der Preußischen Akademie der Wissenschaften, in erster Linie aber als Schüler und liebender Verehrer stehe ich am Grabe des größten und edelsten Zeitgenossen. Sein leuchtender Geist wies den Weg von Maxwells Lehre aus zu den Schöpfungen der Physik unserer Tage, zu welchen er wichtige Bausteine und Methoden lieferte.

Sein Leben hat er gestaltet wie ein köstliches Kunstwerk bis ins kleinste. Nie versagende Güte und Großherzigkeit, sein Gerechtigkeitsgefühl, verbunden mit sicherem intuitivem Einblick in Menschen und Verhältnisse, machten ihn überall zum Führer, wo er wirkte. Alle folgten ihm freudig, denn sie fühlten, daß er nie beherrschen, sondern stets nur dienen wollte. Sein Werk und sein Vorbild werden fortwirken zur Erleuchtung und zum Heile von Generationen.

H. A. Lorentz' Tätigkeit im Dienst der internationalen Zusammenarbeit

Bei der weitgehenden Spezialisierung der wissenschaftlichen Forschungsarbeit, die das 19. Jahrhundert mit sich gebracht hat, ist es selten geworden, daß einzelne Männer, die in einer Wissenschaft eine führende Stellung innehaben, noch die Kraft finden, der Gemeinschaft auf dem Gebiet der internationalen Organisation und Politik wertvolle Dienste zu leisten. Es gehört dazu nicht nur Arbeitskraft, Einsicht und durch Leistungen begründetes Ansehen, sondern auch eine in unserer Zeit selten gewordene Unabhängigkeit von nationalen Vorurteilen und Hingabe an die gemeinsamen Ziele aller. Ich habe keinen kennengelernt, der alle diese Eigenschaften in so vollkommener Weise in sich vereinigte wie H. A. Lorentz. Das Wunderbare am Wirken dieser Persönlichkeit aber liegt im folgenden: Selbständige und eigenwillige Persönlichkeiten, wie sie besonders unter den Gelehrten vorkommen, beugen sich nicht gern fremden Willen und lassen sich meist nur ungern führen. Sitzt aber Lorentz auf dem Präsidentenstuhl, dann bildet sich stets eine Atmosphäre freudigen Zusammenwirkens aus, mögen die Menschen, die da zusammensitzen, nach Absicht und Denkungsweise auch noch so verschieden sein. Das Geheimnis dieses Erfolges liegt nicht nur im raschen Erfassen von Menschen und Dingen, in der wunderbaren Beherrschung der Sprache, sondern vor allem darin: man fühlt, daß Lorentz ganz im Dienst der Sache aufgeht und bei der Arbeit ganz von dem Bedürfnis zu dieser erfüllt ist. Nichts entwaffnet den Widerspenstigen so wie dies.

Vor dem Krieg beschränkte sich Lorentz' Tätigkeit im Dienst der internationalen Beziehungen auf das Präsidieren bei physikalischen Kongressen. Insbesondere sind da die Solvay-Kongresse zu nennen, deren erste beide in den Jahren 1909 und 1911 in Brüssel stattfanden. Dann kam der europäische Krieg, der für alle, denen der Fortschritt der menschlichen Beziehungen im großen am Herzen lag, den denkbar schwersten Schlag bedeutete. Schon während des Krieges, und noch mehr nach Beendigung desselben, stellte Lorentz sich in den Dienst des internationalen Versöhnungswerkes. Insbesondere galten seine Anstrengungen der Wiederherstellung eines gedeihlichen und freundschaftlichen Zusammenwirkens der Gelehrten und wissenschaftlichen Gesellschaften. Wie schwierig dies Unternehmen ist, kann sich der Unbeteiligte kaum vorstellen. Der während des Krieges gesammelte Groll wirkt nach, und viel einflußreiche Männer verharren bei der unversöhnlichen Haltung, zu der sie sich unter dem Druck der Verhältnisse haben drängen lassen. So gleicht Lorentz' Bemühung der eines Arztes, der einen widerwilligen Patienten zu behandeln hat, welcher die zu seinem Besten sorgsam vorbereiteten Heilmittel nicht zu sich nehmen will.

Aber Lorentz läßt sich nicht abschrecken, wenn er einen Weg als den richtigen erkannt hat. Unmittelbar nach dem Krieg beteiligte er sich an der Leitung des »Conseil de recherche«, der von den Gelehrten der Siegerstaaten unter Ausschluß der Gelehrten und Körperschaften der »Zentralmächte« gegründet wurde. Mit diesem Schritt, der ihm von den Gelehrten der »Zentralmächte« verübelt wurde, verfolgte er den Zweck, diese Institution so zu beeinflussen, daß sie zu einer wirklich internationalen erweitert werden könne. Ihm und anderen Gutgesinnten gelang es nach wiederholten Bemühungen, die Aufhebung des berüchtigten Ausschlußparagraphen in den Statuten des »Conseil« herbeizuführen. Das Ziel der Wiederherstellung normaler und fruchtbarer Zusammenarbeit der gelehrten Gesellschaften ist aber damit noch nicht erreicht, da sich die Gelehrten der »Zentralmächte«, durch beinahe zehnjährige Ausschließung von fast allen internationalen wissenschaftlichen Veranstaltungen verärgert, an eine ablehnende Haltung gewöhnt haben. Es besteht jedoch die wohlbegründete Hoffnung, daß durch Lorentz' taktvolle, vom reinen Interesse an der guten Sache geleitete Bemühungen das Eis bald geschmolzen sein wird.

H. A. Lorentz hat seine Kräfte noch auf eine zweite Weise in den Dienst der internationalen geistigen Ziele gestellt, indem er die Wahl in die Völkerbundskommission für internationale geistige Zusammenarbeit annahm, welche vor etwa fünf Jahren unter Bergsons Vorsitz ins Leben gerufen wurde. Seit einem Jahr ist H. A. Lorentz Vorsitzender dieser Kommission, die unter der tatkräftigen Unterstützung des ihr unterstellten Pariser Instituts eine vermittelnde Tätigkeit auf dem Gebiet der intellektuellen und künstlerischen Arbeit der verschiedenen Kulturkreise ausüben soll. Auch dort wird der wohltätige Einfluß seiner klugen, menschenfreundlichen und schlichten Persönlichkeit auf den rechten Weg führen. Ihre nicht ausgesprochene, aber immer befolgte Devise lautet:

»Nicht herrschen, sondern dienen.«

Möge sein Beispiel dazu beitragen, daß dieser Geist durchdringe!

H. A. Lorentz als Schöpfer und als Persönlichkeit

Um die Jahrhundertwende wurde H. A. Lorenz von den theoretischen Physikern aller Nationen als der führende Geist betrachtet, und dies mit vollem Recht. Die Physiker der jüngeren Generation sind sich meist der entscheidenden Rolle, die H. A. Lorentz bei der Gestaltung der fundamentalen Ideen in der theoretischen Physik spielte, nicht voll bewußt. Diese seltsame Tatsache beruht darauf, daß die Lorentzschen grundsätzlichen Ideen ihnen so in Fleisch und Blut übergegangen sind, daß sie kaum noch imstande sind, sich der Kühnheit dieser Ideen und der durch sie erzeugten Vereinfachung des physikalischen Fundaments voll bewußt zu werden.

Als H. A. Lorentz zu schaffen begann, war die Maxwellsche Theorie des Elektromagnetismus schon durchgedrungen. Aber es haftete dieser Theorie eine merkwürdige Kompliziertheit der Grundlagen an, welche die wesentlichen Züge nicht mit voller Klarheit hervortreten ließ. Der Feldbegriff hatte zwar den Begriff der Fernwirkung verdrängt, aber das elektrische und magnetische Feld wurden noch nicht als ursprüngliche Wesenheiten gedacht, sondern als Zustände der ponderablen Materie, die man als Kontinua behandelte. Das elektrische Feld schied infolgedessen gespalten in den Vektor der elektrischen Feldstärke und den der dielektrischen Verschiebung. Diese beiden Felder waren im einfachsten Fall durch die Dielektrizitätskonstante verknüpft, wurden aber im Prinzip als unabhängige Wesenheiten angesehen und behandelt. Analog war es mit dem magnetischen Feld. Dieser Grundauffassung entsprach es, daß man den leeren Raum als speziellen Fall der ponderablen Materie behandelte, in dem die Beziehung von Feldstärke und Verschiebung nur besonders einfach erschien. Insbesondere brachte es diese Auffassung mit sich, daß das elektrische und magnetische Feld gar nicht unabhängig gedacht werden konnten vom Bewegungszustand der Materie, die als Träger des Feldes angesehen wurde.

Einen klaren Einblick in diese damals vorherrschende Auffassung der Maxwellschen Elektrodynamik kann man durch das Studium von Heinrich Hertz' Untersuchung über die Elektrodynamik bewegter Körper gewinnen.

Hier setzt H. A. Lorentz' erlösende Tat ein. Er stützte seine Untersuchungen mit großer Folgerichtigkeit auf die Hypothesen: Sitz des elektromagnetischen Feldes ist der leere Raum. Es gibt in diesem nur einen elektrischen und einen magnetischen Feld-Vektor. Dieses Feld wird erzeugt durch atomistische elektrische Ladungen, auf die das Feld wieder ponteromotorisch zurückwirkt. Eine Verknüpfung des elektromotorischen Feldes mit der ponderablen Materie besteht nur dadurch, daß elektrische

Elementarladungen mit atomistischen Bausteinen der Materie starr verbunden sind. Für letztere gilt Newtons Bewegungsgesetz.

Auf die so vereinfachte Grundlage gründete Lorentz eine vollständige Theorie aller damals bekannten elektromagnetischen Erscheinungen inklusive derjenigen der Elektrodynamik bewegter Körper. Es ist ein Werk von solcher Folgerichtigkeit, Klarheit und Schönheit, wie sie in einer auf Empirie gegründeten Wissenschaft nur selten erreicht wurde. Das einzige Phänomen, dessen Erklärung auf diesem Weg nicht restlos, d. h. nicht ohne zusätzliche Annahmen, gelang, war das berühmte Michelson-Morley-Experiment. Daß dieses Experiment zu der speziellen Relativitätstheorie hinführte, wäre ohne die Lokalisierung des elektromagnetischen Feldes im leeren Raum undenkbar gewesen. Der wesentliche Schritt war eben überhaupt die Zurückführung auf die Maxwellsehen Gleichungen im leeren Raum oder – wie man damals sagte – im Äther.

H. A. Lorentz hat sogar die nach ihm benannte »Lorentz-Transformation« gefunden, ohne freilich deren Gruppeneigenschaften zu beachten. Für ihn galten Maxwells Gleichungen des leeren Raumes nur für ein bestimmtes Koordinatensystem, das durch Ruhe gegenüber allen anderen Koordinatensystemen ausgezeichnet erschien. Dies war eine wahrhaft paradoxe Sachlage, weil die Theorie das Inertialsystem stärker einzuschränken schien als die klassische Mechanik. Dieser Umstand, der noch vom empirischen Standpunkt aus ganz unmotiviert erschien, mußte zur speziellen Relativitätstheorie hinführen.

Da ich dank dem freundlichen Entgegenkommen der Leidener Universität oft für längere Zeit in Leiden war, wo ich jeweilen bei meinem lieben, unvergeßlichen Freund Paul Ehrenfest wohnte, hatte ich oft Gelegenheit, den Lorentzschen Vorlesungen beizuwohnen, die er für einen kleineren Kreis von jüngeren Fachgenossen regelmäßig hielt, als er sich bereits vom allgemeinen Lehramt zurückgezogen hatte. Alles, was von diesem überragenden Geist kam, war klar und schön wie ein gutes Kunstwerk, und man hatte den Eindruck, daß alles so mühelos und leicht herauskam, wie ich es bei keinem anderen erlebt habe.

Wenn wir Jüngeren H. A. Lorentz nur als erleuchteten Geist gekannt hätten, wäre unsere Bewunderung und Verehrung für ihn schon einzigartig gewesen. Was ich aber empfinde, wenn ich an H. A. Lorentz denke, ist damit bei weitem nicht erschöpft. Er war mir persönlich mehr als alle anderen, die mir auf meinem Lebensweg begegnet sind.

Wie er die Physik und die mathematische Form beherrschte, so beherrschte er auch sich selbst, ohne Mühe und in steter Gelassenheit. Sein ganz ungewöhnlicher Mangel an menschlichen Schwächen wirkte niemals niederdrückend auf die Mitmenschen. Jeder fühlte seine Überlegenheit, aber niemand fühlte sich durch sie bedrückt. Denn obwohl er die Menschen und die menschlichen Verhältnisse klar durchschaute, hatte er doch für alles ein gütiges Wohlwollen. Nie wirkte er dominierend, sondern immer nur dienend und helfend. Es war äußerst gewissenhaft, ohne irgendeine Angelegenheit als über Gebühr wichtig erscheinen zu lassen. Davor schützte ihn ein feiner Humor, der sich in seinen Augen und in seinem Lächeln spiegelte. Dazu paßt es auch, daß er bei aller Hingabe an die wissenschaftliche Erkenntnis doch davon durchdrungen war, daß unser Verstehen nicht gar tief in das Wesen der Dinge einzudringen vermöge. Diese halb skeptische, halb demütige Einstellung wußte ich erst in meinen späteren Jahren voll zu würdigen.

Die Sprache – oder wenigstens meine Sprache – kann dem Gegenstand dieses kleinen Aufsatzes trotz aufrichtiger Bemühung doch nicht gerecht werden. Deshalb möchte ich noch zwei kurze Aussprüche von Lorentz zitieren, die besonders stark auf mich gewirkt haben:

»Ich bin glücklich, einer Nation anzugehören, die zu klein ist, um große Torheiten zu begehen.«

Einem Mann aber, der ihn bei einem Gespräch während des Ersten Weltkrieges zu überzeugen versuchte, daß die Schicksale durch Macht und Gewalt bestimmt würden, antwortete er: »Es ist denkbar, daß Sie recht haben; aber in einer solchen Welt möchte ich nicht leben.«

Josef Popper-Lynkeus

war mehr als ein geistvoller Ingenieur und Schriftsteller. Er gehörte zu den wenigen markanten Persönlichkeiten, in denen sich das Gewissen der Generation verkörperte. Er hat uns eingehämmert, daß die Gesellschaft für das Schicksal jedes Individuums verantwortlich ist, und hat einen Weg gewiesen, wie die daraus resultierende Pflicht der Gemeinschaft in die Tat umgesetzt werden soll. Die Gemeinschaft bzw. der Staat war ihm kein Fetisch; dessen Recht, vom Individuum Opfer zu fordern, gründete er einzig auf dessen Pflicht, dem Individuum, der Einzelpersönlichkeit, eine harmonische Entwicklung zu ermöglichen.

Zum 70. Geburtstag von Arnold Berliner

Ich möchte hier meinem Freund Arnold Berliner und den Lesern seiner Zeitschrift »Die Naturwissenschaften« sagen, warum ich ihn und sein Werk so hoch schätze. Das muß an dieser Stelle geschehen, da man sonst nicht Gelegenheit hat, so etwas auszusprechen. Unsere Erziehung zum Objektiven hat nämlich aus allem Persönlichen ein »Tabu« werden lassen, gegen das der Sterbliche nur bei ganz außergewöhnlichen Gelegenheiten, wie z. B. bei dieser, sündigen darf.

Nach diesem Anlauf zur Befreiung wieder zum Objektiven zurück! Der Kreis des wissenschaftlich erfaßten Tatsachengebietes ist ungeheuer erweitert, die theoretische Erkenntnis auf allen Gebieten der Wissenschften ungeahnt vertieft worden.

Das menschliche Fassungsvermögen aber ist und bleibt an enge Grenzen gebunden. So konnte es nicht ausbleiben, daß sich die Aktivität des einzelnen Forschers auf einen immer beschränkteren Sektor des Gesamtwissens zurückziehen muß. Noch schlimmer aber ist es, daß diese Spezialisierung es sogar mit sich bringt, daß auch das bloße allgemeine Verständnis für das Ganze der Wissenschaft, ohne das der echte Forschergeist notwendig erlahmen muß, immer schwieriger mit der Entwicklung Schritt halten kann. Es wird eine Situation geschaffen ähnlich derjenigen, welche in der Bibel durch die Geschichte vom Turm zu Babel symbolisch dargestellt ist. Jeder ernsthaft Forschende kennt das schmerzliche Bewußtsein dieser unfreiwilligen Beschränkung auf einen immer engeren Kreis des Verstehens, das den Forscher der großen Perspektiven zu berauben droht und ihn zum Handlanger degradiert.

Wir alle haben unter dieser Not gelitten, aber nichts zu ihrer Linderung unternommen. Arnold Berliner aber hat für das deutsche Sprachgebiet in vorbildlicher Weise Abhilfe geschaffen. Er erkannte, daß die vorhandenen populären Zeitschriften wohl hinreichten, um dem Laien Belehrung und Anregung zu verschaffen. Er sah aber auch, daß ein besonders sorgfältig und systematisch geleitetes Organ notwendig sei zur wissenschaftlichen Orientierung der Forscher, die über die Entwicklung der wissenschaftlichen Probleme, Methoden und Resultate derart orientiert werden wollen, daß sie sich selbst ein Urteil bilden können. Das Ziel hat er in langjähriger Arbeit mit großem Verständnis und ebenso großer Zähigkeit verfolgt und uns allen sowie der Wissenschaft einen Dienst geleistet, für den wir ihm nicht dankbar genug sein können. Er war darauf angewiesen, die Mitarbeit der erfolgreichen wissenschaftlichen Autoren zu gewinnen und dabei diese dahinzubringen, daß sie ihr Thema in einer auch dem Nichtspezialisten möglichst zugänglichen Form darlegen. Oft erzählte er mir von den Kämpfen, die er bei diesem Streben durchzufechten hatte. Er hat die Schwierigkeiten einmal mir gegenüber durch folgende Scherzfrage gekennzeichnet: »Was ist ein wissenschaftlicher Autor?« Antwort »Eine Kreuzung einer Mimose mit einem Stachelschwein.« Berliners Leistung war nur dadurch möglich, daß bei ihm die Sehnsucht nach einer klaren Übersicht über ein möglichst weites Gebiet der Forschung besondes lebendig geblieben ist. Diese Einstellung hat ihn auch dazu getrieben, in langjähriger, angestrengter Arbeit ein Lehrbuch der Physik zu schaffen, von dem mir neulich ein Student der Medizin sagte: »Ich weiß nicht, wie es möglich gewesen wäre, ohne dies Buch über die Prinzipien der neueren Physik in der mir zur Verfügung stehenden Zeit ins klare zu kommen.«

Berliners Kampf um Klarheit und Übersicht hat ungemein dazu beigetragen, die Probleme, Methoden und Resultate der Wissenschaft in vielen Köpfen lebendig werden zu lassen. Seine Zeitschrift kann aus dem wissenschaftlichen Leben unserer Zeit nicht mehr weggedacht werden. Diese Erkenntnis lebendig zu machen und lebendig zu erhalten, ist ebenso wichtig, wie einzelne Probleme zu lösen.

Gruß an George Bernard Shaw

Selten schon finden sich Menschen, die selbständig genug sind, um die Schwächen und Torheiten ihrer Zeitgenossen zu sehen und selbst unberührt davon zu bleiben. Aber diese Einsamen verlieren meist bald den Mut, im Sinn einer Gesundung zu wirken, wenn sie die Verstocktheit der Menschen kennengelernt haben. Nur ganz wenigen ist es gegeben, durch feinen Humor und Grazie die Generation zu faszinieren und ihr auf dem unpersönlichen Weg der Kunst den Spiegel vorzuhalten. Den größten Meister dieser Art grüße ich heute mit herzlicher Sympathie, der uns alle beglückt und – erzogen hat.

Bertrand Russell und das philosophische Denken

Als mich die Schriftleitung aufforderte, etwas über Bertrand Russell zu schreiben, bewogen mich meine Bewunderung und Verehrung für diesen Autor, sogleich ja zu sagen. Der Lektüre seiner Werke verdanke ich unzählige glückliche Stunden, was ich – abgesehen von Thorstein Veblen – von keinem andern zeitgenössischen wissenschaftlichen Schriftsteller sagen kann. Bald aber merkte ich, daß es leichter sei, ein solches Versprechen zu geben als zu erfüllen. Ich hatte versprochen, etwas über Russell als Philosophen und Erkenntnistheorotiker zu sagen. Als ich vertrauensvoll damit angefangen hatte, erkannte ich schnell, auf was für ein schlüpfriges Gebiet ich mich da gewagt hatte als ein Unerfahrener, der sich bis jetzt vorsichtig auf das Gebiet der Physik beschränkt hatte. Es mag also das meiste, was ich da vorbringen kann, dem Eingeweihten naiv klingen. Ich tröste mich aber mit dem Gedanken, daß einer mit Denk-Erfahrung auf anderem Gebiet immer noch einem solchen vorzuziehen ist, der überhaupt nicht oder nur wenig denkt.

Im Entwicklungsprozeß des philosophischen Denkens durch die Jahrhunderte hat die Frage eine Hauptrolle gespielt: Was für Erkenntnisse vermag das reine Denken zu liefern, unabhängig von den Sinneseindrücken? Gibt es solche Erkenntnisse? Wenn nein, in was für einer Beziehung steht unsere Erkenntnis zu dem von den Sinnes-Eindrücken gelieferten Rohmaterial? Diesen Fragen und einigen anderen mit ihnen innig verknüpften Fragen entspricht ein fast unübersehbares Chaos philosophischer Meinungen. In diesem Prozeß relativ unfruchtbarer heroischer Bemühungen ist doch ein systematischer Zug der Entwicklung erkennbar, nämlich eine steigende Skepsis gegenüber jedem Versuch, durch reines Denken etwas erfahren zu können bezüglich der »objektiven Welt«, der Welt der »Dinge« im Gegensatz zur Welt bloßer »Vorstellungen und

Gedanken«. In Parenthese sei gesagt, daß hier wie bei einem echten Philosophen das Anführungszeichen »« gebraucht wird, um einen illegitimen Begriff einzuführen, den der Leser für den Augenblick zu gestatten ersucht wird, obgleich er der philosophischen Polizei suspekt ist.

Der Glaube, daß es möglich sei, alles Wissenswerte durch bloßes Nachdenken zu finden, war im Kindeszeitalter der Philosophie ziemlich allgemein. Es war eine Illusion, die jeder leicht begreifen kann, wenn er für einen Augenblick davon absieht, was er von der späteren Philsophie und der Naturwissenschaft gelernt hat. Er wird sich nicht darüber wundern, wenn Plato der »Idee« eine Art höhere Realität zuschrieb als den empirisch erlebbaren Dingen. Auch bei Spinoza und noch bei Hegel scheint dieses Vorurteil als belebende Kraft die Hauptrolle gespielt zu haben. Es könnte sogar einer die Frage aufwerfen, ob ohne solche Illusion überhaupt Großes auf dem Gebiet des philosophischen Denkens geschaffen werden kann – wir aber wollen so etwas nicht fragen.

Dieser mehr aristokratischen Illusion von der unbeschränkten Durchdringungskraft des Denkens steht die mehr plebejische Illusion des naiven Realismus gegenüber, gemäß welcher die Dinge so »sind«, wie wir sie mit unseren Sinnen wahrnehmen. Diese Illusion beherrscht das tägliche Treiben der Menschen und Tiere. Sie ist auch der Ausgangspunkt der Wissenschaften, insbesondere der Naturwissenschaften.

Die Überwindung dieser beiden Illusionen ist nicht unabhängig voneinander. Die Überwindung des naiven Realismus ist verhältnismäßig einfach gewesen. Russell hat diesen Prozeß in der Einleitung seines Buches »An Inquiry into Meaning and Truth« in wunderbar prägnanter Form so gekennzeichnet:

»Wir alle beginnen beim maiven Realismus d.h. bei der Doktrin, daß die Dinge das sind, was sie scheinen. Wir nehmen an, daß das Gras grün ist, der Schnee kalt und daß die Steine hart sind. Aber die Physik versichert uns, daß das Grün der Gräser, die Kälte des Schnees und die Härte der Steine nicht das gleiche Grün, dieselbe Kälte und dieselbe Härte sind, wie wir sie gemäß unserer Erfahrung kennen, sondern etwas ganz Andersartiges. Der Beobachter, der vorgibt, einen Stein zu beobachten, beobachtet, wenn wir der Physik Glauben schenken wollen, in Wirklichkeit die Wirkungen der Steine auf sich selbst. Daher scheint die Wissenschaft in Widerstreit mit sich selbst zu sein; wenn sie sich für höchst objektiv hält, taucht sie gegen ihren Willen in der Subjektivität unter. Der naive Realismus führt zur Physik, und die Physik ihrerseits zeigt, daß dieser naive Realismus, sofern er konsequent bleibt, falsch ist. Logisch falsch; also falsch.«

Abgesehen von der meisterhaften Formulierung sagen diese Zeilen etwas, an das ich vorher nie gedacht hatte. Bei oberflächlicher Betrachtung scheint nämlich die Denkweise von Berkeley und Hume in einem Gegensatz zur Denkweise der Naturwissenschaften zu stehen. Aber Russells obige Bemerkung deckt einen Zusammenhang auf: Wenn Berkeley darauf fußt, daß wir nicht »Dinge« der Außenwelt durch unsere Sinne direkt erfassen, sondern daß nur mit der Anwesenheit der »Dinge« kausal verknüpfte Vorgänge unsere Sinnesorgane erreichen, so ist dies eine Überlegung, die ihre Überzeugungskraft aus dem Vertrauen auf die physikalische Denkweise schöpft. Bezweifelt man nämlich die physikalische Denkweise auch in ihren allgemeinsten Zügen, so besteht keine Notwendigkeit, zwischen das Objekt und den Akt des Sehens irgend etwas einzuschieben, was das Objekt vom Subjekt trennt und die »Existenz des Objekts« zu einer problematischen macht.

Dieselbe physikalische Denkweise sowie deren praktische Erfolge waren es aber auch, die das Vertrauen in die Möglichkeit erschüttert haben, die Dinge und ihre Beziehungen auf dem Weg des bloßen spekulativen Denkens zu verstehen. Allmählich setzte sich die Überzeugung durch, daß alles Wissen über Dinge ausschließlich eine Verarbeitung des durch die Sinne gelieferten Rohmaterials sei. In dieser allgemeinen (und absichtlich etwas verschwommen redigierten) Form wird dieser Satz gegenwärtig wohl allgemein akzeptiert. Diese Überzeugung beruht aber nicht etwa darauf, daß jemand die Unmöglichkeit des Gewinnens von Realerkenntnissen auf rein spekulativem Weg tatsächlich bewiesen hätte, sondern darauf, daß der im obigen Sinne empiristische Weg allein sich als Quelle der Erkenntnis bewährt hat. Galilei und Hume haben diesen Grundsatz zuerst mit voller Klarheit und Entschiedenheit vertreten.

Hume sah, daß von uns als wesentlich betrachtete Begriffe wie z. B. die kausale Verknüpfung aus dem durch die Sinne gelieferten Material nicht gewonnen werden können. Er wurde durch diese Einsicht zu einer skeptischen Einstellung gegenüber jeglicher Erkenntnis geführt. Wenn man seine Bücher liest, wundert man sich, daß nach ihm viele und zum Teil hochgeachtete Philosophen so viel Verschwommenes haben schreiben und dankbare Leser finden können. Er hat die Entwicklung der Besten nach ihm nachhaltig beeinflußt. Man spürt ihn durch bei der Lektüre von Russells philosophischen Analysen, deren Scharfsinn und schlichte Ausdrucksweise mich oft an Hume erinnert hat.

Die Sehnsucht des Menschen verlangt nach gesicherter Erkenntnis. Deshalb erschien Humes klare Botschaft niederschmetternd: Das sinnliche Rohmaterial, die einzige Quelle unserer Erkenntnis, kann uns durch Gewöhnung zu Glauben und Erwartung, aber nicht zum Wissen oder gar zum Verstehen von gesetzesmäßigen Beziehungen führen. Da trat Kant auf den Plan mit einem Gedanken, der zwar in der von ihm vorgebrachten Form gewiß unhaltbar war, aber doch einen Schritt zur Lösung des Humeschen Dilemmas bedeutete: Was an Erkenntnis empirischen Ursprungs ist, ist niemals sicher (Hume). Wenn wir also sichere Erkenntnis besitzen, so muß dieselbe in der Vernunft selber begründet sein. Dies wird z. B. behauptet bezüglich der Sätze der Geometrie und bezüglich des Kausalitätsprinzips. Diese und gewisse andere Erkenntnisse sind sozusagen ein Teil des Instrumentariums des Denkens, müssen also nicht erst aus den Sinnesdaten gewonnen werden (d. h. sind Erkenntnisse »a priori«). Heute weiß natürlich jeder, daß die genannten Erkenntnisse nichts von der Sicherheit, ja inneren Notwendigkeit an sich haben, wie Kant geglaubt hat. Was mir aber an seiner Stellung dem Problem gegenüber richtig erscheint, ist die Konstatierung, daß wir uns mit gewisser »Berechtigung« beim Denken solcher Begriffe bedienen, zu welchen es keinen Zugang aus dem sinnlichen Erfahrungsmaterial gibt, wenn man die Sachlage vom logischen Standpunkt aus betrachtet.

Nach meiner Überzeugung muß man sogar viel mehr behaupten: die in unserem Denken und in unseren sprachlichen Äußerungen auftretenden Begriffe sind alle – logisch betrachtet – freie Schöpfungen des Denkens und können nicht aus den Sinnen-Erlebnissen induktiv gewonnen werden. Dies ist nur deshalb nicht so leicht zu bemerken, weil wir gewisse Begriffe und Begriffsverknüpfungen (Aussagen) gewohnheitsmäßig so fest mit gewissen Sinnenerlebnissen verbinden, daß wir uns der Kluft nicht bewußt werden, die logisch unüberbrückbar die Welt der sinnlichen Erlebnisse von der Welt der Begriffe und Aussagen trennt.

So ist z. B. die Reihe der ganzen Zahlen offenbar eine Erfindung des Menschengeistes, ein selbstgeschaffenes Werkzeug, welches das Ordnen gewisser sinnlicher Erlebnisse erleichtert. Aber es gibt keinen Weg, um diesen Begriff aus den Erlebnissen selbst gewissermaßen herauswachsen zu lassen. Ich wähle hier gerade den Begriff der Zahl, weil er dem vorwissenschaftlichen Denken angehört und an ihm der konstruktive Charakter trotzdem noch leicht erkennbar ist. Je mehr wir uns aber den primitivsten Begriffen des Alltags zuwenden, desto mehr erschwert es uns die Masse eingewurzelter Gewohnheiten, den Begriff als selbständige Schöpfung des Denkens zu erkennen. So konnte die für das Verständnis der hier obwaltenden Verhältnisse so verhängnisvolle Auffassung entstehen, daß die Begriffe aus den Erlebnissen durch »Abstraktion«, d.h. durch Weglassen eines Teils ihres Inhaltes, entstehen. Ich will nun zeigen, warum mir diese Auffassung so verhängnisvoll erscheint:

Hat man sich einmal Humes Kritik zu eigen gemacht, so kommt man leicht auf den Gedanken, es seien aus dem Denken all jene Begriffe und Aussagen als »metaphysisch« zu entfernen, die sich nicht aus dem sinnlichen Rohmaterial herleiten lassen. Denn alles Denken erhält ja materialen Inhalt durch nichts anderes als durch seine Beziehung zu jenem sinnlichen Material. Letzteres halte ich für völlig wahr, die darauf gegründete Vorschrift für das Denken aber für falsch. Denn dieser Anspruch – wenn er nur völlig konsequent durchgeführt wird – schließt überhaupt jedes Denken als »metaphysisch« aus.

Damit Denken nicht in »Metaphysik« bzw. in leeres Gerede ausarte, ist nur notwendig, daß genügend viele Sätze des Begriffssystems mit Sinnenerlebnissen hinreichend sicher verbunden seien und daß das Begriffssystem im Hinblick auf seine Aufgabe, das sinnlich Erlebte zu ordnen und übersehbar zu machen, möglichste Einheitlichkeit und Sparsamkeit zeige. Im übrigen aber ist das »System« ein (logisch) freies Spiel mit Symbolen nach (logisch) willkürlich gegebenen Spielregeln. Dies alles gilt in gleicher Weise für das Denken des Alltags und für das mehr bewußt systematisch gestaltete Denken in den Wissenschaften. Es wird nun klar sein, was gemeint ist, wenn ich folgendes sage: Hume hat durch seine klare Kritik die Philosophie nicht nur entscheidend gefördert, sondern ist ihr auch ohne seine Schuld zur Gefahr geworden, indem durch diese Kritik eine verhängnisvolle »Angst vor der Metaphysik« ins Leben trat, die eine Krankheit des gegenwärtigen empiristischen Philosophierens bedeutet; diese Krankheit ist das Gegenstück zu jenem früheren Wolken-Philosophieren, welches das Sinnlich-Gegebene entbehren und vernachlässigen zu können glaubte.

Bei aller Bewunderung für die scharfsinnige Analyse, die uns Russell in seinem Buch »Meaning and Truth« geschenkt hat, scheint es mir doch, daß auch dort das Gespenst der metaphysischen Angst einigen Schaden angerichtet hat. Diese Angst scheint mir z. B. der Anlaß dafür zu sein, das »Ding« als »Bündel von Qualitäten« aufzufassen, wobei nämlich die »Qualitäten« dem sinnlichen Rohmaterial zu entnehmen gesucht werden. Der Umstand nun, daß zwei Dinge nur ein und dasselbe Ding sein sollen, wenn sie in bezug auf alle Qualitäten übereinstimmen, zwingt dann dazu, die geometrischen Beziehungen der Dinge zueinander zu ihren Qualitäten zu rechnen. (Sonst wird man nach Russen genötigt, den Eiffelturm in Paris und den in New York als »dasselbe Ding« anzusehen.) Demgegenüber sehe ich keine »metaphysische« Gefahr darin, das Ding (Objekt im Sinne der Physik) als selbständigen Begriff ins System aufzunehmen in Verbindung mit der zugehörigen zeit-räumlichen Struktur.

Im Hinblick auf solche Bemühungen hat es mich befriedigt, daß im letzten Kapitel doch herauskommt, daß man ohne »Metaphysik« nicht auskommen könne. Das einzige, was ich daran zu beanstanden habe, ist das schlechte intellektuelle Gewissen, das zwischen den Zeilen hindurchschimmert.

Die Interviewer

Wenn man öffentlich zur Rechenschaft gezogen wird für alles, was man gesagt hat, sei es auch im Spaß, in übermütiger Laune oder im momentanen Ärger, so ist es zwar eventuell fatal, aber doch bis zu einem gewissen Grad vernünftig und natürlich. Wenn man aber öffentlich zur Rechenschaft gezogen wird für das, was andere in unserem eigenen Namen sagen, ohne daß man sich dagegen wehren kann, dann ist man in einer erbarmungswürdigen Lage. »Wer ist aber so schlimm dran?« wirst du fragen. Nun, jeder, der genügend Popularität hat, um von Interviewern besucht zu werden. Du lächelst ungläubig, aber ich hab's zur Genüge erlebt und werde dir's erklären.

Stelle dir vor, eines Morgens kommt ein Reporter zu dir und ersucht dich freundlich, ihm etwas über deinen Freund N. zu berichten. Im ersten Augenblick fühlst du wohl so etwas wie Entrüstung über eine solche Zumutung. Aber schnell merkst du, daß es da kein Entrinnen gibt. Denn wenn du die Auskunft verweigerst, schreibt der Mann: »Ich fragte einen von N.s angeblich besten Freunden über ihn. Aber dieser wich wohlweislich aus. Der Leser mag aus diesem Verhalten selbst die unvermeidlichen Schlüsse ziehen.« Es gibt also kein Entrinnen, und du gibst folgende Auskunft:

Herr N. ist ein frohmütiger, gerader Charakter, beliebt bei allen seinen Freunden. Er weiß jeder Situation die gute Seite abzugewinnen. Er ist unbegrenzt unternehmend und arbeitsam; sein Beruf nimmt seine Arbeitskraft voll in Anspruch. Er liebt seine Familie und legt seiner Frau alles zu Füßen, was er besitzt ...

Wiedergabe des Reporters: Herrn N. nimmt nichts besonders ernst und hat die Gabe, sich bei den Leuten beliebt zu machen, zumal er sich stets eines ausgelassenen und einschmeichelnden Wesens befleißigt. Er ist dermaßen Sklave seines Berufes, daß er nie zum Nachdenken über persönliche Gegenstände oder zu einer außerberuflichen geistigen Betätigung kommt. Seine Frau verwöhnt er unbegrenzt; er ist ein willenloser Diener ihrer Wünsche ...

Bei einem wirklichen Reporter würde es noch viel pikanter klingen, aber für dich und deinen Freund N. ist es wohl ausreichend. Er liest obiges und noch einiges folgende am nächsten

Morgen in der Zeitung, und sein Grimm gegen dich kennt keine Grenzen, so heiter und gutherzig er auch von Natur sein mag. Die ihm zugefügte Kränkung schmerzt dich unsäglich, zumal du ihn wirklich gern hast.

Was tust du nun in diesem Fall, mein Lieber? Wenn du's herausgefunden hast, teile mir's rasch mit, damit ich deine Methode schleunigst kopieren kann.

Glückwunsch an einen Kritiker

Sehen mit eigenen Augen, fühlen und urteilen, ohne der Suggestion der Tagesmode zu unterliegen, das Erschaute und Gefühlte sagen können in einem knappen Satz oder gar in einem kunstvoll geknödelten Wort – ist das nicht herrlich? Soll man da noch gratulieren?

Meine ersten Eindrücke in Nordamerika

Ich muß mein Versprechen einlösen, einiges über meine Eindrücke in diesem Land zu sagen. Dies ist nicht ganz leicht für mich. Denn es ist nicht leicht, den Standpunkt eines objektiven Beobachters einzunehmen, wenn man mit so viel Liebe und übertriebener Verehrung aufgenommen wird wie ich in Amerika.

Zuerst einige Worte hierüber:

Personenkultus ist in meinen Augen stets etwas Unberechtigtes. Wohl verteilt die Natur ihre Gaben reichlich verschieden unter ihre Kinder. Aber auch von den Wohlgeratenen gibt es gottlob viele, und ich bin fest davon überzeugt, daß die meisten davon ein stilles und unbemerktes Dasein führen. Es erscheint mir nicht gerecht, ja nicht einmal geschmackvoll, wenn von diesen einige wenige maßlos bewundert werden, indem man ihnen übermenschliche Kräfte des Geistes und Charakters andichtet. Dies ist nun gerade mein Schicksal geworden, und es besteht ein grotesker Gegensatz zwischen dem, was mir die Menschen an Fähigkeit und Leistung zuschreiben, und dem, was ich wirklich bin und vermag. Das Bewußtsein von diesem sonderbaren Sachverhalt wäre nicht zu ertragen, wenn es nicht einen schönen Trost dabei gäbe: Es ist ein erfreuliches Zeichen für unsere als materialistisch gescholtene Zeit, daß sie aus Menschen Heroen gestaltet, deren Ziele ausschließlich auf geistigem und moralischem Gebiet liegen. Dies beweist, daß Erkenntnis und Gerechtigkeit von einem großen Teil der Menschen über Besitz und Macht gestellt werden. In besonders hohem Maße scheint nach meinen Erfahrungen diese idealistische Einstellung in dem als besonders materialistisch verschrienen Amerika vorzuherrschen. Nach dieser Abschweifung komme ich zu meinem Thema in der Hoffnung, daß man meinen bescheidenen Bemerkungen nicht mehr Gewicht zubilligen wird, als sie verdienen.

Was den Besucher zuerst mit Staunen erfüllt, ist die Überlegenheit dieses Landes in technischer und organisatorischer Beziehung. Die Gegenstände des täglichen Gebrauches sind solider als in Europa, die Häuser unvergleichlich praktischer eingerichtet. Alles ist darauf angelegt, an menschlicher Arbeitskraft zu sparen. Diese ist teuer, weil das Land im Verhältnis zu seinen natürlichen Hilfsquellen schwach bevölkert ist. Der hohe Preis der menschlichen Arbeitskraft bildete den Anreiz zur wunderbaren Entwicklung der technischen Hilfsmittel und Arbeitsmethoden. Man denke an das zu dicht bevölkerte China oder Indien als Gegenstück, wo der geringe Preis der menschlichen Arbeit die Entwicklung maschineller Hilfsmittel verhindert hat. Europa steht dazwischen. Ist die Maschine erst genügend hoch entwickelt, so ist sie endlich doch billiger als die noch so billige Arbeitskraft. Dies mögen die Faschisten in Europa bedenken, die aus engherzigen politischen Gründen für Vermehrung der Bevölkerungsdichte in ihrem jeweiligen Vaterland eintreten. Allerdings kontrastiert mit diesem Eindruck die Ängstlichkeit, mit welcher sich die Vereinigten Staaten gegen den Warenimport durch Prohibitionszölle abschließen ... Aber von einem harmlosen Besucher darf nicht verlangt werden, daß er sich zuviel den Kopf zerbreche, und endlich ist es nicht ganz gewiß, daß jede Frage eine vernünftige Antwort zuläßt.

Das zweite, was dem Besucher auffällt, ist eine freudige, positive Einstellung zum Leben. Das Lächeln der Menschen auf den Photographien ist das Symbol für eine der Hauptstärken des Amerikaners. Er ist freundlich, selbstbewußt, optimistisch und – neidlos. Der Europäer empfindet den Verkehr mit den Amerikanern als harmlos und angenehm.

Der Europäer dagegen ist kritischer, bewußter, weniger gutherzig und hilfsbereit, anspruchsvoller in seinen Zerstreuungen und in der Lektüre im Vergleich zum Amerikaner, meist mehr oder weniger Pessimist.

Die Bequemlichkeiten des Lebens, der Komfort, spielen in den Vereinigten Staaten eine große Rolle. Ihnen wird Ruhe, Sorglosigkeit, Sicherheit geopfert. Der Amerikaner lebt noch mehr dem Ziel, der Zukunft als der Europäer. Das Leben ist ihm stets ein Werden, nie ein Sein. In dieser Beziehung ist er dem Russen und dem Asiaten noch unähnlicher als der Europäer.

Es gibt aber einen andern Punkt, in dem der Amerikaner dem Asiaten mehr gleicht als dem Europäer. Er ist nämlich weniger Individualist als der Europäer, wenn man ihn vom psychologischen, nicht vom wirtschaftlichen Gesichtspunkt aus betrachtet.

Das »Wir« ist stärker betont als das »Ich«. Damit hängt es zusammen, daß Sitte und Konvention sehr mächtig sind, und die Lebensauffassung der Individuen sowie ihre moralische und geschmackliche Einstellung viel gleichförmiger sind als in Europa. Diesem Umstand verdankt Amerika großenteils seine wirtschaftliche Überlegenheit über Europa. Es bilden sich hier leichter und reibungsloser Kooperation und wirksame Arbeitsteilung aus als in Europa, sei es nun in der Fabrik, in der Universität oder in der privaten Wohltätigkeit. Teilweise mag diese soziale Einstellung der englischen Tradition zu verdanken sein.

Scheinbar im Gegensatz dazu steht es, daß die Wirkungssphäre des Staates eine relativ kleine ist im Vergleich zu den europäischen Verhältnissen. Der Europäer wundert sich, daß Telegraph, Telephon, Eisenbahn, Schule überwiegend in den Händen privater Gesellschaften liegen. Dies ist hier möglich durch die oben erwähnte, mehr soziale Einstellung des Individuums. Diese bringt es auch mit sich, daß die extrem ungleichmäßige Verteilung des Besitzes nicht zu unerträglichen Härten führt. Das soziale Verantwortungsgefühl des Besitzenden ist weit entwickelter als in Europa. Er betrachtet es als selbstverständlich, daß er einen großen Teil seines Besitzes und oft auch seiner Arbeitskraft in den Dienst der Gemeinschaft zu stellen hat. Die öffentliche Meinung (die mächtige!) verlangt dies auch gebieterisch von ihm. So kommt es, daß die wichtigsten kulturellen Funktionen der privaten Initiative überlassen werden können und daß die Rolle des Staates in diesem Land eine verhältnismäßig sehr beschränkte ist.

Das Ansehen der Staatsgewalt ist gewiß noch bedeutend gesunken durch das Gesetz der »Prohibition«. Es gibt nämlich für das Ansehen des Staates und des Gesetzes nichts Gefährlicheres, als wenn er Gesetze erläßt, deren Durchführung er nicht zu erzwingen vermag. Es ist ein öffentliches Geheimnis, daß die bedrohliche Entwicklung des Verbrecherwesens in diesem Staat hiermit in engem Zusammenhang steht.

Noch in einer anderen Beziehung erzeugt die »Prohibition« nach meiner Ansicht eine Schwächung des Staates. Das Wirtshaus ist eine Stätte, die den Menschen Gelegenheit bietet, ihre Gedanken und Meinungen über die öffentlichen Angelegenheiten auszutauschen. An einer solchen Gelegenheit fehlt es, wie mir scheint, in diesem Land, so daß die meist von Interessengruppen kontrollierte Presse zu viel Einfluß auf die öffentliche Meinung hat.

Die Überschätzung des Geldes in diesem Land ist immer noch größer als in Europa, aber sie scheint mir im Abnehmen zu sein. Es setzt sich gewiß allmählich die Erkenntnis durch, daß zu einem glücklichen und segensreichen Leben nicht viel Besitz nötig ist.

In künstlerischer Beziehung habe ich den hohen Geschmack aufrichtig bewundert, der sich in den modernen Bauten und in den Gebrauchsgegenständen des täglichen Lebens äußert; dagegen finde ich, daß bildende Kunst und Musik in der Seele des Volkes wenig lebendig sind im Vergleich mit Europa.

Hohe Bewunderung hege ich für die Leistungen der wissenschaftlichen Forschungsanstalten. Mit Unrecht sucht man bei uns die wachsende Überlegenheit der amerikanischen Forschungsarbeit ausschließlich dem größeren Reichtum zuzuschreiben; Hingabe, Geduld, kameradschaftlicher Geist und Neigung zur Kooperation spielen aber bei diesen Erfolgen eine wichtige Rolle. Endlich noch eine Bemerkung! Die Vereinigten Staaten sind heute das mächtigste technisch fortgeschrittene Land der Erde. Ihr Einfluß auf die Gestaltung der internationalen Verhältnisse ist ein geradezu unberechenbarer. Doch Amerika ist groß, und seine Bewohner zeigen bisher nicht so viel Interesse für die internationalen großen Probleme, an deren Spitze heute das Problem der Abrüstung steht. Dies muß anders werden, schon im eigensten Interesse der Amerikaner. Der letzte Krieg hat gezeigt, daß es keine Trennung der Kontinente mehr gibt, sondern daß die Schicksale aller Länder heute eng miteinander verflochten sind. Es muß sich daher in diesem Land die Überzeugung durchsetzen, daß seine Bewohner eine hohe Verantwortung tragen auf dem Gebiet der internationalen

Politik. Die Rolle des untätigen Zuschauers ist dieses Landes nicht würdig und müßte auf die Dauer für alle verhängnisvoll werden.

Antwort an amerikanische Frauen

Eine amerikanische Frauen-Liga glaubte, gegen Einsteins Einreise in ihr Heimatland protestieren zu müssen. Sie erhielt folgende Antwort:

Noch nie habe ich von seiten des schönen Geschlechtes so energische Ablehnung gegen jede Annäherung gefunden; sollte es doch einmal der Fall gewesen sein, dann sicher nicht von so vielen auf einmal.

Aber haben sie nicht recht, die wachsamen Bürgerinnen? Was soll man einen Menschen zu sich kommen lassen, der mit demselben Appetit und Behagen hartgesottene Kapitalisten frißt wie einst das Ungeheuer Minotaurus in Kreta leckere griechische Jungfrauen und der zudem so gemein ist, jeden Krieg abzulehnen, ausgenommen den unvermeidlichen Krieg mit der eigenen Gattin? Hört also auf Eure klugen und patriotischen Weiblein und denkt daran, daß auch das Kapitol des mächtigen Rom einst durch das Geschnatter seiner treuen Gänse gerettet worden ist!

II
Politik und Pazifismus

Friede

Das Ziel der Sicherung des internationalen Friedens ist von den wirklich bedeutenden Menschen früherer Generationen in seiner Wichtigkeit erkannt worden. Die Entwicklung der Technik in unserer Zeit aber macht dies ethische Postulat zu einer Existenzfrage für die heutige zivilisierte Menschheit und die aktive Teilnahme an der Lösung des Friedensproblems zu einer Gewissenssache, der kein der moralischen Verantwortung bewußter Mensch ausweichen kann.

Man muß sich klarmachen, daß jene mächtigen Gruppen der Industrie, die an der Produktion der Waffen beteiligt sind, in allen Ländern einer friedlichen Regelung der internationalen Streitfragen entgegenwirken und daß die Regierenden nur dann jenes wichtige Ziel erreichen können, wenn sie der tatkräftigen Unterstützung der Majorität der Bevölkerung sicher sind. In unserer Zeit demokratischer Regierungsform ist das Schicksal der Völker von diesen selbst abhängig; dessen muß jeder einzelne stets eingedenk sein.

Zur Abschaffung der Kriegsgefahr

Meine Beteiligung bei der Erzeugung der Atombombe bestand in einer einzigen Handlung: ich unterzeichnete einen Brief an Präsident Roosevelt, in dem die Notwendigkeit betont wurde, Experimente im großen anzustellen zur Untersuchung der Möglichkeit der Herstellung einer Atombombe.

Ich war mir der furchtbaren Gefahr wohl bewußt, die das Gelingen dieses Unternehmens für die Menschheit bedeutete. Aber die Wahrscheinlichkeit, daß die Deutschen am selben Problem mit Aussicht auf Erfolg arbeiten dürften, hat mich zu diesem Schritt gezwungen. Es blieb mir nichts anderes übrig, obwohl ich stets ein überzeugter Pazifist gewesen bin. Töten im Krieg ist nach meiner Auffassung um nichts besser als gewöhnlicher Mord.

Solange aber die Nationen nicht dazu entschlossen sind, durch gemeinsame Aktionen den Krieg abzuschaffen und durch friedliche Entscheidungen auf gesetzlicher Basis ihre Konflikte zu lösen und ihre Interessen zu schützen, sehen sie sich genötigt, sich auf einen Krieg vorzubereiten. Sie sehen sich dann genötigt, alle, auch die verabscheuungswürdigsten Mittel vorzubereiten, um im allgemeinen Wettrüsten nicht überflügelt zu werden. Dieser Weg führt mit Notwendigkeit zum Krieg, der unter den heutigen Verhältnissen allgemeine Vernichtung bedeutet.

Unter diesen Umständen hat die Bekämpfung der Mittel keine Aussicht auf Erfolg. Nur die radikale Abschaffung der Kriege und der Kriegsgefahr kann helfen. Dafür soll man arbeiten und dazu entschlossen sein, sich nicht zu Handlungen zwingen zu lassen, die diesem Ziel zuwiderlaufen. Dies ist eine harte Forderung an das Individuum, das sich seiner sozialen Abhängigkeit bewußt ist. Aber es ist keine unerfüllbare Forderung.

Gandhi, der größte politische Genius unserer Zeit, hat den Weg gewiesen und gezeigt, welcher Opfer Menschen fähig sind, wenn sie den richtigen Weg erkannt haben. Sein Befreiungswerk für Indien ist ein lebendiges Zeugnis dafür, daß der von fester Überzeugung beherrschte Wille stärker ist als die scheinbar unüberwindliche materielle Macht.

Das pazifistische Problem

Meine Damen und Herren!

Es freut mich, daß Sie mir Gelegenheit geben, ein paar Worte zu Ihnen über das pazifistische Problem zu sprechen. Die Entwicklung der letzten Jahre hat wieder gezeigt, wie wenig wir dazu berechtigt sind, den Kampf gegen die Rüstungen und gegen den kriegerischen Geist den Regierungen zu überlassen. Aber auch die Bildung großer Organisationen mit vielen Mitgliedern kann allein uns dem Ziel nur wenig näherbringen. Nach meiner Überzeugung ist hier der gewaltsame Weg der Militärdienstverweigerung der beste, gestützt durch Organisationen, welche den mutigen Kriegsdienstverweigerern in den einzelnen Ländern materiell und moralisch beistehen. So können wir es dahinbringen, daß das pazifistische Problem akut wird, ein wirklicher Kampf, zu dem sich starke Naturen hingezogen fühlen. Es ist ein illegaler Kampf, aber ein Kampf um das wirkliche Recht der Menschen gegen ihre Regierungen, soweit diese verbrecherische Handlungen von ihren Bürgern fordern.

Viele, die sich für gute Pazifisten halten, werden einen solchen radikalen Pazifismus nicht mitmachen, indem sie patriotische Gründe geltend machen. Auf solche aber kann in ernster Stunde doch nicht gerechnet werden. Dies hat der Weltkrieg zur Genüge bewiesen.

Ich danke Ihnen herzlich dafür, daß Sie mir Gelegenheit gegeben haben, Ihnen meine Ansicht mündlich mitzuteilen.

Ansprache vor der Abrüstungsversammlung der Studenten

Die letzten Generationen haben uns in der hochentwickelten Wissenschaft und Technik ein überaus wertvolles Geschenk in die Hand gegeben, das Möglichkeiten der Befreiung und Verschönerung unseres Lebens mit sich bringt, wie sie keiner der früheren Generationen geboten waren. Dies Geschenk bringt aber auch Gefahren für unsere Existenz mit sich, wie sie noch niemals schlimmer gedroht haben.

Mehr als je hängt das Schicksal der zivilisierten Menschheit von den moralischen Kräften ab, die sie aufzubringen imstande ist. Deshalb ist die Aufgabe, die unserer Zeit gestellt ist, nicht etwa eine leichtere als die Aufgaben, welche die letzten Generationen gelöst haben.

Es kann der Bedarf der Menschen an Nahrungsmitteln und Gebrauchsgütern mit einem weit geringeren Aufwand an Arbeitsstunden geschaffen werden als früher. Dafür aber ist das Problem der Verteilung der Arbeit und der produzierten Güter viel schwieriger geworden. Wir alle fühlen, daß das freie Spiel der wirtschaftlichen Kräfte, das ungeordnete und das ungezügelte Besitz- und Machtstreben der Individuen nicht mehr automatisch zu einer erträglichen Lösung dieser Probleme führt. Es bedarf einer planmäßigen Ordnung der Erzeugung der Güter, der Verwendung der Arbeitskräfte und der Verteilung der produzierten Waren, um der bedrohlichen Ausschaltung wertvoller produktiver Arbeitskräfte und der Verarmung sowie der Verwilderung großer Teile der Bevölkerung vorzubeugen.

Wenn schon der unbeschränkte »sacro egoismo« im Wirtschaftsleben zu verderblichen Folgen führt, so ist er ein noch schlechterer Führer in den Beziehungen der Nationen untereinander. Die Entwicklung der militärischen Technik ist eine derartige, daß das Leben der Menschen sich als unerträglich erweisen wird, wenn diese nicht bald den Weg zu einer Verhütung der Kriege finden werden. So wichtig das Ziel ist, so unzureichend sind die Bemühungen, die bisher zu dessen Erreichung verwendet worden sind.

Man sucht die Gefahr durch Beschränkung der Rüstungen und durch beschränkende Regeln für die Kriegführung zu vermindern. Krieg ist kein Gesellschaftsspiel, bei dem sich die Partner brav an Regeln halten. Wenn es um Sein oder Nichtsein geht, werden Regeln und Verpflichtungen machtlos! Nur die bedingungslose Abkehr vom Krieg überhaupt kann da helfen. Hier genügt nicht die Schaffung einer internationalen schiedsrichterlichen Instanz. Es muß durch Verträge auch Sicherheit dafür geboten werden, daß die Entscheidungen dieser Instanz von allen Nationen gemeinschaftlich durchgesetzt werden. Ohne eine solche Sicherheit werden die Nationen niemals den Mut haben, ernsthaft abzurüsten.

Stellen Sie sich zum Beispiel vor, die amerikanische, englische, deutsche und französische Regierung würden unter Androhung eines Warenboykotts von der japanischen Regierung die sofortige Einstellung der kriegerischen Aktion gegen China verlangen! Glauben Sie, daß sich in Japan eine Regierung finden würde, die es auf sich nehmen wollte, ihr Land in ein so gefährliches Abenteuer zu stürzen? Warum geschieht dies nicht? Warum muß jede Person und jede Nation um ihre Existenz zittern? Weil jede ihren armseligen momentanen Vorteil sucht und ihn dem Wohl und Gedeihen der Gemeinschaft nicht unterordnen will.

Deshalb sagte ich Ihnen anfangs, daß das Schicksal der Menschheit heute stärker als je zuvor von ihren moralischen Kräften abhängt. Überall führt der Weg zu frohem und glücklichem Dasein über Verzicht und Selbstbeschränkung.

Woher können die Kräfte für eine solche Entwicklung kommen? Nur von denen, welchen die Möglichkeit geboten wurde, in jungen Jahren durch Studium den Geist zu stärken und den Blick frei zu machen. So sehen wir Ältere auf euch und hoffen von euch, daß ihr mit euren besten Kräften strebt und erreicht, was uns versagt blieb.

Von der Dienstpflicht

Aus einem Brief

Statt Deutschland die Einführung der Dienstpflicht zu erlauben, sollte man diese lieber allen wegnehmen und zunächst keine anderen Heere zulassen als Söldnerheere, über deren Größe und Ausrüstung man dann zu verhandeln hätte. Dies wäre auch für Frankreich vorteilhafter, als die deutsche Dienstpflicht zulassen zu müssen. So würde man die verhängnisvolle psychische Wirkung der militärischen Erziehung des Volkes und die damit verbundene Entrechtung des Individuums verhindern.

Ferner wäre es für zwei Staaten, die sich auf ein obligatorisches Schiedsgericht zur Schlichtung aller ihre gegenseitigen Beziehungen betreffenden Streitfragen geeinigt haben, viel leichter, ihre militärischen Organisationen von Berufssoldaten zu einer einzigen Organisation von gemischten Kadern zu verschmelzen. Dies wäre jeweils für beide eine finanzielle Erleichterung und ein Gewinn an Sicherheit. Ein solcher Verschmelzungsprozeß könnte zu immer größeren Verbänden vorschreiten und letzten Endes zu einer »internationalen Polizei« führen, die nach und nach degenerieren müßte nach Maßgabe der wachsenden internationalen Sicherheit. Wollen Sie diesen Vorschlag als Anregung mit unseren Freunden beraten? Ich bestehe natürlich gar nicht auf diesem besonderen Vorschlag. Nötig erscheint mir aber, daß wir mit positiven Vorschlägen auftreten; der Versuch bloßer Abwehr dürfte keine praktischen Erfolge versprechen.

An Sigmund Freud

Verehrter Herr Freud!

Es ist zu bewundern, wie bei Ihnen die Sehnsucht nach dem Sehen der Wahrheit jede andere Sehnsucht überwunden hat. Sie zeigen mit unwiderstehlicher Klarheit, wie untrennbar die Instinkte des Kampfes und der Vernichtung mit denen der Liebe und der Lebensbejahung in der menschlichen Psyche verbunden sind. Aber es leuchtet aus Ihren zwingenden Darlegungen zugleich eine tiefe Sehnsucht nach dem großen Ziel der inneren und äußeren Befreiung des Menschen vom Kriege. Zu dieser großen Sehnsucht bekannten sich alle, die über ihre Zeit und ihre Nation hinaus als Führer in der geistigen und moralischen Sphäre verehrt wurden. Da herrscht Einigkeit von Jesus Christus bis Goethe und Kant. Ist es nicht bedeutsam, daß solche Menschen eben doch allgemein als Führer anerkannt wurden, obschon sich ihr Wille zur Gestaltung menschlicher Verhältnisse nur sehr mangelhaft durchsetzen konnte?

Ich bin überzeugt, daß die hervorragenden Menschen, die – wenn auch in kleinerem Kreise – durch ihre Leistungen führend sind, ganz überwiegend dasselbe Ideal teilen. Auf die politische Entwicklung aber haben sie wenig Einfluß. Fast scheint es, wie wenn dieses für das Schicksal der Nationen maßgebende Gebiet unentrinnbar der Hemmungslosigkeit und Verantwortungslosigkeit der politischen Machthaber überantwortet sein müßte.

Die politischen Führer bzw. Regierungen verdanken ihre Stelle teils der Gewalt, teils der Wahl durch die Masse. Sie können nicht als eine Vertretung des geistig und moralisch höherstehenden Teiles der Nationen angesehen werden. Die geistige Elite übt aber heute keinen direkten Einfluß auf die Geschichte der Völker aus; ihre Zersplitterung verhindert ihre direkte Mitwirkung bei der Lösung der Probleme der Stunde. Glauben Sie nicht, daß hier durch eine freie Verbindung von Personen, die durch ihr bisheriges Schaffen und Wirken eine Garantie für ihre Fähigkeiten und die Lauterkeit ihres Wollens bieten, Wandel geschaffen werden könnte? Diese Gemeinschaft von internationalem Charakter, deren Mitglieder durch ständigen Austausch der Meinungen in Fühlung bleiben müßten, könnte durch Stellungnahme an der Presse – immer unter der Verantwortung der jeweils unterzeichnenden Mitglieder – auf die Lösung politischer Fragen einen bedeutenden und heilsamen moralischen Einfluß gewinnen. Freilich würde eine solche Gemeinschaft an all den Übelständen kranken, die bei den gelehrten Akademien so vielfach zur Degeneration führen, Gefahren, die unlöslich mit den Mängeln der menschlichen Natur verbunden sind. Sollte eine solche Anstrengung nicht dennoch gewagt werden? Ich halte einen solchen Versuch geradezu für eine unabweisbare Pflicht.

Wenn eine solche geistige Gemeinschaft von Rang gebildet werden könnte, so müßte sie wohl auch systematisch versuchen, die religiösen Organisationen für den Kampf gegen den Krieg zu mobilisieren. Sie würde vielen Persönlichkeiten, deren guter Wille heute durch schmerzliche Resignation paralysiert ist, einen moralischen Halt geben. Endlich glaube ich, daß eine aus solchen durch ihre Leistungen hochangesehenen Individuen gebildete Gesellschaft auch geeignet wäre, denjenigen Kräften im Völkerbund, die wirklich im Sinne des großen Zieles dieser Institution ihre Tatkraft einsetzen, eine wertvolle moralische Stütze zu sein.

Ich unterbreite diese Dinge lieber Ihnen als irgend jemand in der Welt, weil Sie weniger als andere von Wünschen betört werden und Ihr kritisches Urteil von ernstestem Verantwortungsgefühl getragen ist.

Die Frauen und der Krieg

Nach meiner Ansicht sollte man beim nächsten Krieg die patriotischen Frauen an die Front senden statt die Männer. Dies wäre doch einmal etwas Neues auf diesem trostlosen Gebiet unendlicher Verwirrung, und dann – warum sollten solche heroischen Gefühle von seiten des schönen Geschlechtes nicht pittoresker verwendet werden als durch einen Angriff auf einen wehrlosen Zivilisten?

Drei Briefe an Friedensfreunde

1.

Es dringt die Kunde zu mir, daß Sie aus Ihrer großen Seele heraus, getrieben von der Sorge um die Menschen und ihr Schicksal, Großes in der Stille vollbringen. Klein ist die Zahl derer, die mit ihrem eigenen Auge sehen und mit ihrem eigenen Herzen fühlen. Von ihrer Stärke aber wird es abhängen, ob die Menschen wieder zurücksinken müssen in jenen dumpfen Zustand, der heute einer verblendeten Masse als Ziel vorzuschweben scheint.

Möchten die Völker rechtzeitig sehen, wieviel sie von ihrer nationalen Selbstbestimmung opfern müssen, um dem Kampf aller gegen alle zu entgehen! Die Macht des Gewissens und des internationalen Geistes hat sich als zu schwach erwiesen. Sie zeigt sich nun als schwach genug, um ein Paktieren mit den schlimmsten Feinden der Zivilisation zu dulden. Es gibt eine Art Konzilianz, die ein Verbrechen an der Menschheit ist, obwohl man sie als politische Weisheit ausgibt.

Wir können nicht an den Menschen verzweifeln, denn wir sind selbst Menschen. Und es ist ein Trost, daß es noch Persönlichkeiten gibt wie Sie, die man lebendig und aufrecht weiß.

2.

Ich muß offen gestehen, daß eine Erklärung, wie die beiliegende, in einem Volk, das dem Dienstzwang im Frieden unterliegt, nach meiner Überzeugung keinen Wert hat. Ihr Kampf muß die Befreiung von der allgemeinen Militärpflicht zum Ziele haben. Wie teuer mußte das französische Volk den Sieg von 1918 bezahlen! Er hat mächtig dazu beigetragen, es in der unwürdigsten aller Arten von Sklaverei festzuhalten.

Seien Sie in diesem Kampf unermüdlich! Sie haben einen mächtigen Bundesgenossen in den deutschen Reaktionären und Militaristen. Wenn nämlich Frankreich an der allgemeinen Dienstpflicht festhält, so wird es für die Dauer unmöglich sein, ihre Einführung in Deutschland zu verhindern. Denn die Forderung der Deutschen nach gleichem Recht wird sich schließlich durchsetzen. Es werden dann jedem französischen Militärsklaven zwei deutsche Militärsklaven entsprechen, was doch bestimmt nicht im Interesse Frankreichs liegt.

Nur wenn es gelingt, die allgemeine Dienstpflicht überhaupt abzuschaffen, kann sich die Erziehung der Jugend im Geist der Versöhnung, der freudigen Bejahung des Lebens und der Liebe zu allem Lebenden durchsetzen.

Ich glaube, daß die Verweigerung des Militärdienstes aus Gewissensmotiven, wenn sie gleichzeitig von 50 000 Dienstpflichtigen ausgeübt würde, eine unwiderstehliche Macht wäre. Der einzelne kann hier nicht viel ausrichten, und es kann auch nicht gewünscht werden, daß gerade die Wertvollsten der Vernichtung durch jene Maschinerie ausgeliefert werden, hinter der drei Großmächte stehen: Dummheit, Furcht und Habgier.

3.

Sie haben in Ihrem Brief einen ungemein wichtigen Punkt behandelt. Die Rüstungsindustrie ist in der Tat eine der größten

Gefährdungen der Menschheit. Sie steckt als die böse treibende Kraft hinter dem Nationalismus, der sich überall breitmacht ...

Es mag vielleicht sein, daß durch Verstaatlichung etwas gewonnen werden könnte. Aber die Abgrenzung der hierher gehörigen Industrien ist sehr schwierig. Gehört die Flugzeugindustrie dazu? Wieviel von der Metallindustrie, von der chemischen Industrie?

Was die Munitionsindustrie und den Export von Kriegsmaterial anlangt, so beschäftigt sich der Völkerbund schon jahrelang mit Versuchen, eine Kontrolle dieses abscheulichen Handels herbeizuführen – mit wie geringem Erfolg, ist wohlbekannt. Letztes Jahr fragte ich einen bekannten amerikanischen Diplomaten, warum man es Japan durch kommerziellen Boykott nicht unmöglich mache, seine Gewaltpolitik fortzusetzen? »Unsere Handelsinteressen sind zu stark«, war die Antwort. Wie soll man Menschen helfen, die sich mit solchen Konstatierungen abfinden?

Sie glauben, daß ein Wort von mir hinreichen würde, um auf diesem Gebiet etwas zu erreichen? Welche Illusion! Die Menschen schmeicheln mir, solange ich ihnen nicht unbequem bin. Versuche ich aber, Zielen zu dienen, die ihnen unbequem sind, so gehen sie sofort zur Beschimpfung und Verleumdung über, um ihre Interessen zu verteidigen. Und die Unbeteiligten ducken sich meistens in Feigheit. Haben Sie schon die Probe auf die Zivilcourage Ihrer Landsleute gemacht? Die stillschweigend befolgte Devise ist: Nicht daran rühren und nicht davon sprechen! Sie können überzeugt sein, daß ich mit allen Kräften bemüht sein werde, das mir Mögliche in dem von Ihnen angedeuteten Sinne zu tun, aber so direkt, wie Sie denken, ist nichts zu erreichen.

Aktiver Pazifismus

Ich preise mich glücklich, die große Friedensmanifestation zu erleben, die das flämische Volk unternommen hat. Es ist mir ein Bedürfnis, allen, die dabei mitwirken, im Namen der Wohlmeinenden und um die Zukunft Besorgten zuzurufen: Wir fühlen uns mit euch aufs tiefste verbunden in dieser Stunde der Besinnung und des erwachenden Gewissens.

Wir dürfen uns nicht verhehlen, daß eine Besserung der obwaltenden trostlosen Verhältnisse nicht ohne schwere Kämpfe möglich sein wird; denn das Häuflein der zu radikaler Abhilfe Entschlossenen ist klein gegenüber der Masse der Unentschlossenen und Verführten. Und die Macht der an der Erhaltung der Maschinerie des Krieges Interessierten ist groß; sie scheuen kein Mittel, die Volksmeinung ihren lebensfeindlichen Zwecken dienstbar zu machen.

Es hat den Anschein, daß die regierenden Staatsmänner von heute wirklich das Ziel verfolgen, den Frieden dauernd zu befestigen. Aber die unablässige Vermehrung der Rüstung zeigt allzu deutlich, daß sie den feindlichen Mächten, die zur Vorbereitung des Krieges drängen, nicht gewachsen sind. Nach meiner Überzeugung kann eine Rettung nur aus dem Schoß der Völker selbst kommen. Sie müssen sich, wenn sie die unwürdige Sklaverei des Kriegsdienstes vermeiden wollen, entschlossen für die vollständige Abrüstung einsetzen. Denn solange es Heere gibt, wird jeder ernstere Konflikt auch zum Krieg führen. Ein Pazifismus, der die Rüstungen der Staaten nicht aktiv bekämpft, ist und bleibt ohnmächtig.

Möge das Gewissen und der gesunde Sinn der Völker lebendig werden, damit wir eine neue Stufe des Völkerlebens erreichen, von der aus der Krieg als unbegreifliche Verirrung der Vorfahren erscheint.

Ein Abschied

An den deutschen Völkerbund-Sekretär

Hochgeehrter Herr Dufour-Feronce!

Ihr freundlicher Brief darf nicht unbeantwortet bleiben, da Sie sonst eine nicht zutreffende Ansicht von meiner Gesinnung erhalten könnten. Mein Entschluß, nicht mehr nach Genf zu gehen, beruht darauf, daß mich die Erfahrung leider gelehrt hat, daß die Kommission im Mittel nicht den ernsten Willen verkörpert, in den Aufgaben der Gesundung der internationalen Beziehungen wesentliche Fortschritte zu erzielen. Ich sehe in ihr weit eher eine Verkörperung des Grundsatzes »ut aliquid fieri videatur«. Die Kommission erscheint mir in dieser Beziehung sogar schlimmer zu sein als der Völkerbund als Ganzes genommen.

Gerade weil ich nach Kräften für die Schaffung einer den Staaten übergeordneten, internationalen, schiedsrichterlichen und regulierenden Instanz wirken möchte und weil mir dies Ziel sehr am Herzen liegt, glaube ich, die Kommission verlassen zu müssen.

Die Kommission hat ihren Segen zur Unterdrückung der kulturellen Minderheiten in den einzelnen Staaten dadurch gegeben, daß sie in diesen je eine »nationale Kommission« ins Leben rief, welche die einzige Brücke zwischen den Intellektuellen des betreffenden Staates und der Kommission bilden sollte. Sie hat dadurch absichtlich auf die Funktion verzichtet, den nationalen Minderheiten eine moralische Stütze gegen die kulturelle Unterdrückung zu sein.

Die Kommission hat ferner gegenüber dem Problem der Bekämpfung der chauvinistischen und militaristischen Tendenzen des Unterrichts in den einzelnen Ländern eine so laue Stellung vertreten, daß ernsthafte Bemühungen auf diesem fundamental wichtigen Gebiete von ihr nicht erhofft werden können.

Die Kommission hat es stets unterlassen, denjenigen Persönlichkeiten und Vereinigungen eine moralische Stütze zu sein, die es sich in radikaler Weise zur Aufgabe gemacht haben, für eine internationale Rechtsordnung und gegen das militärische System zu wirken.

Die Kommission hat niemals einen Versuch gemacht, sich der Einverleibung solcher Mitglieder zu widersetzen, von denen sie wußte, daß sie Vertreter ganz anderer Tendenzen waren als derer, die zu vertreten ihre Pflicht wäre.

Ich will Sie nicht weiter mit Argumenten langweilen, da Sie nach diesen wenigen Andeutungen meinen Entschluß schon hinlänglich begreifen werden. Ich bin ja nicht zum Ankläger bestellt, sondern habe nur meine Haltung zu begründen. Wenn ich irgendeine Hoffnung hegte, handelte ich anders, dessen können Sie gewiß sein.

Zur Frage der Abrüstung

Die Realisierung des Abrüstungsplanes ward besonders dadurch erschwert, daß man sich von der größten Schwierigkeit des Problems im allgemeinen keine Rechenschaft gibt. Die meisten Ziele werden in kleinen Schritten erlangt. Man denke an die Ablösung der absoluten Monarchie durch die Demokratie! Hier aber liegt ein Ziel vor, das sich nicht allmählich in kleinen Schritten erreichen läßt.

Solange nämlich nicht die Möglichkeit von Kriegen ausgeschaltet ist, werden die Nationen es sich nicht nehmen lassen, so vollkommen wie möglich militärisch vorbereitet zu sein, um den nächsten Krieg siegreich bestehen zu können. Auch wird man nicht umhinkönnen, die Jugend in den kriegerischen Traditionen zu erziehen, engherzige nationale Eitelkeit in Verbindung mit der Verherrlichung kriegerischer Gesinnung zu pflegen, solange man damit rechnen muß, von einer solchen Gesinnung der Bürger für kriegerische Auseinandersetzungen Gebrauch machen zu müssen. Rüsten bedeutet eben, nicht den Frieden, sondern den Krieg bejahen und vorbereiten. Man wird also nicht in kleinen Schritten abrüsten, sondern auf einmal oder gar nicht.

Die Realisierung einer solchen tiefgehenden Änderung des Völkerlebens hat eine gewaltige moralische Anstrengung zur Voraussetzung, eine bewußte Abkehr von festeingewurzelten Traditionen. Wer nicht bereit ist, das Schicksal seines Landes im Fall von Streitigkeiten bedingungslos von den Entscheidungen eines internationalen Schiedsgerichts abhängig zu machen und dies ohne Reserve durch Staatsvertrag festzulegen, der ist nicht wirklich zur Vermeidung der Kriege entschlossen. Hier gilt die Lösung: Alles oder nichts.

Es läßt sich nicht leugnen, daß die bisherigen Bemühungen zur Sicherung des Friedens daran gescheitert sind, daß sie ungenügende Kompromisse anstrebten.

Abrüstung und Sicherheit sind nur in Verbindung miteinander zu erreichen. Sicherheit gewährt nur die von allen Nationen übernommene Verpflichtung, die internationalen Entscheidungen zur Durchführung zu bringen.

Wir stehen also an einem Scheidewege. Ob wir den Weg des Friedens finden oder den bisherigen, unserer Zivilisation unwürdigen Weg der brutalen Gewalt weitergehen, ist in unsere Hand gegeben. Auf der einen Seite winkt Freiheit der Individuen und Sicherheit der Gemeinschaften, auf der anderen Seite droht Knechtschaft für die Individuen und Vernichtung unserer Zivilisation. Unser Schicksal wird so sein, wie wir es verdienen.

Zur Abrüstungskonferenz von 1932

1.

Darf ich mit einem politischen Bekenntnis beginnen? Es lautet: Der Staat ist für die Menschen und nicht die Menschen für den Staat. Von der Wissenschaft kann das gleiche gesagt werden wie vom Staat. Dies sind alte Formeln, geprägt von solchen, die die menschliche Persönlichkeit als den höchsten menschlichen Wert ansehen. Ich würde mich scheuen, sie zu wiederholen, wenn sie nicht immer wieder in Vergessenheit zu geraten drohten, ganz besonders in unserer Zeit der Organisation und Schablone. Als wichtigste Aufgabe des Staates sehe ich die, das Individuum zu schützen und ihm die Möglichkeit zu bieten, sich zur schöpferischen Persönlichkeit zu entfalten.

Der Staat soll also unser Diener sein, nicht wir Sklaven des Staates. Dies Gebot verletzt der Staat, wenn er uns mit Gewalt dazu zwingt, Militär- und Kriegsdienst zu leisten, zumal dieser knechtische Dienst zum Ziel und zur Wirkung hat, Menschen anderer Länder zu vernichten oder in ihrer Entwicklungsfreiheit zu schädigen. Wir sollen für den Staat nur solche Opfer bringen, welche der freien Entwicklung menschlicher Individuen zugute kommen. Diese Schätze mögen für jeden Amerikaner Selbstverständliches aussagen, nicht aber für jeden Europäer. Deshalb dürfen wir hoffen, daß der Kampf gegen den Krieg eine mächtige Stütze an den Amerikanern haben wird.

Nun aber zur Abrüstungskonferenz! Soll man lachen, weinen oder hoffen, wenn man an sie denkt? Stellen Sie sich eine Stadt vor, die von jähzornigen, unredlichen und händelsüchtigen Bürgern bewohnt ist! Man empfindet dort die beständige Lebensgefahr als schwere Hemmung, die jede gesunde Entwicklung unmöglich macht. Der Magistrat will diesen abscheulichen Verhältnissen abhelfen, obwohl jeder von den Magistratsräten und sonstigen Bürgern es sich nicht verbieten lassen will, einen Dolch im Gürtel zu tragen. Nach jahrelangen Vorbereitungen entschließt sich der Magistrat zu einer Verhandlung über den Gegenstand und stellt das Thema zur Debatte: Wie lang und scharf darf das Dolchmesser sein, das jeder beim Spazierengehen im Gürtel trägt? Solange die schlauen Bürger nicht durch Gesetz, Gericht und Polizei gegen das Messerstechen vorgehen, wird es natürlich nicht anders. Eine Festsetzung über die Länge und Schärfe der zugelassenen Dolchmesser aber wird nur den Raufllustigen und Stärksten zugute kommen und ihnen die Schwächeren ausliefern. Sie werden alle wissen, wie dieser Vergleich gemeint ist. Wir haben zwar einen Völkerbund und ein Schiedsgericht. Aber der Völkerbund ist nicht viel mehr als ein Versammlungslokal, und das Schiedsgericht hat kein Mittel, seine Entscheidung durchzusetzen. Diese Institutionen bieten keinem Staat Sicherheit im Falle eines Angriffs gegen ihn. Wenn Sie sich dies vor Augen halten, werden Sie den Standpunkt Frankreichs, seine Weigerung einer Abrüstung ohne Sicherheit, milder beurteilen, als es gegenwärtig im allgemeinen zu geschehen pflegt.

Wenn wir uns nicht dazu verstehen, die einzelnen Staaten in ihrer Souveränität zu beschränken, indem sich alle zu gemeinsamer Aktion verpflichten gegen jeden Staat, der sich einem Urteil des Schiedsgerichts offen oder versteckt widersetzt, so können wir aus dem Zustand der allgemeinen Anarchie und Bedrohung nicht herauskommen. Unbeschränkte Souveränität der einzelnen Staaten und Sicherheit gegen Angriffe lassen sich durch keinerlei Kunstgriffe miteinander vereinigen. Wird es noch neuer Katastrophen bedürfen, um die Staaten dazu zu bringen, sich zum Durchsetzen jeder Entscheidung der anerkannten internationalen gerichtlichen Instanz zu verpflichten? Kaum haben wir auf Grund der bisherigen Entwicklung Ursache, in der nahen Zukunft Besseres zu erhoffen. Aber jeder Freund der Kultur und Gerechtigkeit muß seine besten Kräfte daransetzen, um seine Mitmenschen von der Notwendigkeit einer derartigen internationalen Bindung der Einzelstaaten zu überzeugen.

Man wird nicht ohne eine gewisse Berechtigung gegen diese Auffassung einwenden, daß sie das Organisatorische überschätzt, das Psychische, insbesondere das Moralische, aber vernachlässigt. Man behauptet, die geistige Abrüstung müsse der materiellen vorangehen. Man sagt auch mit Recht, das größte Hindernis internationaler Ordnung sei der ins Ungeheuerliche gesteigerte Nationalismus, der mit einem sympathischen, aber mißbrauchten Namen auch Patriotismus genannt wird. Dieser Götze hat in den letzten anderthalb Jahrhunderten allenthalben eine unheimliche, ungemein verderbliche Macht erlangt. Um zu diesem Einwand die richtige Stellung zu gewinnen, muß man sich vergegenwärtigen, daß das Organisatorische und das Psychische einander gegenseitig bedingen. Nicht nur sind die Organisationen von traditionellen gefühlsmäßigen Einstellungen abhängig, verdanken ihnen Entstehung und Sicherheit des Bestandes, die bestehenden Organisationen wirken auch wieder mächtig zurück auf die gefühlsmäßigen Einstellungen der Völker.

Der gegenwärtig allenthalben so verderblich hochentwickelte Nationalismus scheint mir nun aufs engste zusammenzuhängen mit der Schaffung der allgemeinen Wehrpflicht oder – wie der süßere Name heißt – des Volksheeres. Der Staat, der von seinen Bewohnern Militärdienst verlangt, ist genötigt, eine nationalistische Gesinnung dieser Bewohner zu züchten, die für die militärische Brauchbarkeit die psychische Grundlage liefert. Er muß neben der Religion sein Instrument brutaler Gewalt in den Augen der Jugend in seinen Schulen verherrlichen!

Die Einführung der allgemeinen Dienstpflicht ist deshalb nach meiner Überzeugung die Hauptursache des moralischen

Verfalls der weißen Rasse, der den Fortbestand unserer Kultur, ja unserer Existenz ernstlich in Frage stellt. Neben großen sozialen Segnungen ist dieser Fluch von der großen Französischen Revolution ausgegangen und hat dann in kurzer Zeit alle übrigen Völker mitgerissen. Wer also die internationale Gesinnung pflegen und dem nationalen Chauvinismus entgegenwirken will, der muß die allgemeine Dienstpflicht bekämpfen. Sind die schweren Verfolgungen, denen die von moralischen Motiven getragenen Militärdienstverweigerer heute ausgesetzt sind, weniger beschämend für die Allgemeinheit als die Verfolgungen, welchen in früheren Jahrhunderten die religiösen Märtyrer ausgesetzt waren? Kann man – wie es im Kellogg-Pakt geschehen ist – den Krieg ächten, wenn man die Individuen ungeschützt der Kriegsmaschinerie der einzelnen Staaten ausliefert?

Wenn man sich im Hinblick auf die Abrüstungskonferenz nicht auf das Organisatorisch-Technische beschränken, sondern auch dem Psychologischen in direkterer Weise aus erzieherischen Motiven Rechnung tragen will, so muß man auf internationalem Weg den Individuen eine legale Möglichkeit zu schaffen suchen, den Militärdienst zu verweigern; von einer solchen Maßregel würde ohne Zweifel eine mächtige moralische Wirkung ausgehen.

Ich fasse meine Stellungnahme kurz zusammen: Bloße Abmachungen über Rüstungsbeschränkungen verleihen keinerlei Sicherheit. Einem obligatorischen Schiedsgericht muß eine von allen Teilnehmerstaaten garantierte Exekutive zur Verfügung stehen, die gegen den Friedensbrecher mit wirtschaftlichen und militärischen Sanktionen einschreitet. Die allgemeine Dienstpflicht als Hauptbrutstätte des ungesunden Nationalismus muß bekämpft werden; insbesondere müssen die Militärdienstverweigerer auf internationaler Basis geschützt werden.

2.

Was uns der Erfindergeist der Menschen in den letzten hundert Jahren geschenkt hat, vermöchte das Leben sorglos und glücklich zu gestalten, wenn die organisatorische Entwicklung mit der technischen hätte Schritt halten können. So aber nimmt sich das mühsam Errungene in der Hand unserer Generation aus wie ein Rasiermesser in der Hand eines dreijährigen Kindes. Der Besitz von wunderbaren Produktionsmittlen brachte nicht Freiheit, sondern Sorge und Hunger.

Am schlimmsten aber wirkt sich der technische Fortschritt da aus, wo er die Mittel zur Vernichtung von Menschenleben und mühsam erzeugten Produkten der Arbeit liefert. Wir Ältere haben es im Weltkrieg schaudernd erlebt. Noch schrecklicher als die Vernichtung dünkt mich die unwürdige Knechtschaft, in die der einzelne durch den Krieg hineingerissen wird. Ist es nicht furchtbar, durch die Allgemeinheit zu Handlungen gezwungen zu werden, die jeder einzelne als verabscheuungswürdige Verbrechen empfindet? Nur wenige haben die moralische Größe gefunden, sich zu widersetzen; sie sind in meinen Augen die wahren Helden des Weltkrieges.

Es gibt einen Hoffnungsstrahl. Es scheint mir, daß heute die verantwortlichen Führer der Völker in der Hauptsache den ehrlichen Willen haben, den Krieg abzuschaffen. Der Widerstand gegen den unbedingt notwendigen Fortschritt liegt in unglücklichen Traditionen der Völker, die durch den Erziehungsapparat wie eine Erbkrankheit von Generation zu Generation fortgeschleppt werden. Hauptträger dieser Traditionen aber ist die militärische Ausbildung und ihre Verherrlichung sowie nicht minder der von Schwerindustrie und Militär abhängige Teil der Presse. Ohne Abrüstung gibt es keinen dauernden Frieden. Umgekehrt wird die Fortsetzung der militärischen Rüstungen in dem gegenwärtigen Ausmaß mit Sicherheit zu neuen Katastrophen führen.

Deshalb wird die Abrüstungskonferenz von 1932 für das Schicksal der gegenwärtigen und nächsten Generation entscheidend sein. Denkt man an die im ganzen genommen kläglichen Ergebnisse der bisherigen Konferenzen, so wird es klar, daß alle einsichtigen und verantwortungsvollen Menschen alle Kräfte aufbieten müssen, um die öffentliche Meinung immer wieder auf die große Wichtigkeit der Konferenz von 1932 hinzuweisen. Nur wenn die Staatsmänner den Friedenswillen einer entscheidenden Mehrheit in ihrem Land hinter sich haben, können sie ihr wichtiges Ziel erreichen; für die Gestaltung dieser öffentlichen Meinung ist jeder mitverantwortlich durch jede Tat und jedes Wort.

Der Mißerfolg der Konferenz wäre besiegelt, wenn dorthin die Abgesandten mit fertigen Instruktionen kämen, deren Durchsetzung alsbald zu einer Angelegenheit des Prestiges würde. Dies scheint allgemein erkannt zu sein. Denn die Zusammenkünfte der Staatsmänner je zweier Staaten, die sich in der letzten Zeit häuften, wurden dazu verwendet, durch Besprechungen über das Abrüstungsproblem den Boden für die Konferenz vorzubereiten. Dieser Weg scheint mir ein sehr glücklicher zu sein, da zwei Menschen oder Gruppen am vernünftigsten, ehrlichsten und leidenschaftslosesten miteinander verhandeln zu können pflegen, wenn kein dritter zuhört, auf den sie bei ihren Reden Rücksicht nehmen zu müssen glauben. Nur wenn die Konferenz in dieser Weise erschöpfend vorbereitet wird, wenn Überraschungen dadurch ausgeschlossen sind und wenn durch ehrlichen guten Willen eine Atmosphäre des Vertrauens geschaffen wird, dürfen wir auf ein glückliches Ergebnis hoffen.

Der Erfolg bei derartigen großen Dingen ist nicht eine Sache der Klugheit oder gar der Schlauheit, sondern eine Sache von Ehrlichkeit und Vertrauen. Das Moralische kann nicht durch Verstand ersetzt werden, Gott sei Dank, möchte ich sagen.

Dem einzelnen Zeitgenossen kommt es nicht zu, bloß abzuwarten und zu kritisieren. Er muß dieser Sache dienen, so gut er es vermag. Das Schicksal der Gesamtheit wird das sein, das sie verdient.

Amerika und die Abrüstungskonferenz von 1932

Die Amerikaner von heute sind erfüllt von den Sorgen, welche die ökonomische Lage des eigenen Landes mit sich bringt. Die verantwortungsbewußten führenden Männer richten ihr Streben hauptsächlich auf die Beseitigung der schweren Arbeitslosigkeit im eigenen Lande. Das Gefühl der Verflochtenheit mit dem Schicksal der übrigen Welt und im besonderen mit dem Mutterland Europa ist noch weniger lebendig als in normalen Zeiten.

Aber die freie Wirtschaft wird diese Schwierigkeiten aus sich heraus nicht automatisch überwinden. Es bedarf regulatorischer Maßregeln von seiten der Allgemeinheit, um eine gesunde Verteilung von Arbeit und Konsumgütern unter den Menschen herbeizuführen; ohne sie erstickt auch die Bevölkerung des reichsten Landes. Da nämlich die für die Versorgung aller nötige Arbeit durch die Verbesserung der technischen Methoden gesunken ist, stellt sich durch das freie Spiel der Kräfte nicht mehr ein Zustand ein, bei dem alle Arbeitskräfte Verwendung finden. Eine bewußte organisatorische Regelung wird notwendig, um die Fortschritte der Technik zugunsten aller wirksam werden zu lassen.

Wenn nun schon die Wirtschaft ohne planmäßige Regelung nicht in Ordnung gebracht werden kann, so ist eine solche planmäßige Regelung noch viel unentbehrlicher für die internationalen Probleme der Politik. Nur wenige Menschen sind heute noch der Ansicht, daß Gewaltakte in Form von Kriegen ein vorteilhaftes, der Menschheit würdiges Mittel zur Lösung internationaler Probleme seien. Aber sie sind nicht konsequent genug, diejenigen Maßregeln energisch zu vertreten und anzustreben, die den Krieg, dies barbarische und unwürdige Überbleibsel aus den Zeiten der Barbarei, zu vermeiden imstande wären. Es bedarf einiger Besinnung, um hier klarzusehen, und eines gewissen Mutes, um mit Entschiedenheit und in wirksamer Weise diesem wichtigen Ziel zu dienen.

Wer den Krieg wirklich abschaffen will, muß mit Entschiedenheit dafür eintreten, daß der eigene Staat zugunsten internationaler Institutionen auf einen Teil seiner Souveränität verzichtet; er muß bereit sein, den eigenen Staat im Falle irgendeines Konfliktes dem Schiedsspruch eines internationalen Gerichtes zu unterwerfen. Er muß mit aller Entschiedenheit dafür eintreten, daß alle Staaten abrüsten, wie es sogar in dem unseligen Versailler Vertrag vorgesehen ist; ohne Beseitigung der militärischen und aggressiv-patriotischen Volkserziehung ist kein Fortschritt zu erhoffen.

Kein Ereignis der letzten Jahre war beschämender für die gegenwärtig maßgebenden Kulturstaaten als das Versagen der bisherigen Abrüstungskonferenzen; denn dies Versagen beruht nicht nur auf den Intrigen ehrgeiziger und gewissenloser Staatsmänner, sondern auch auf der Gleichgültigkeit und Energielosigkeit der Menschen in allen Ländern. Wenn dies nicht anders wird, werden wir vernichten, was unsere Vorfahren an wirklich Wertvollem geschaffen haben.

Ich glaube, daß sich das amerikanische Volk der in dieser Beziehung auf ihm lastenden Verantwortung nicht voll bewußt ist. Man denkt wohl in Amerika: »Mag Europa verderben, wenn es durch die Unverträglichkeit und Bosheit seiner Bewohner zugrunde gerichtet wird! Präsident Wilsons gute Saat ist auf dem sterilen Boden Europas kümmerlich genug aufgegangen. Wir sind stark und sicher und werden uns nicht so schnell wieder in fremde Händel einmischen.«

Wer so denkt, denkt weder edel noch weitblickend. Amerika ist nicht unschuldig an der Not Europas. Es beschleunigt durch das rücksichtslose Eintreiben seiner Forderungen den ökonomischen und damit auch den moralischen Verfall Europas; es hat mit dazu beigetragen, Europa zu balkanisieren, und ist so mitschuldig am Verfall der politischen Moral und an der Züchtung jenes Geistes der Rache, der durch die Verzweiflung genährt wird. Dieser Geist wird nicht vor den Türen Amerikas haltmachen; fast möchte ich sagen: Er hat nicht vor den Toren Amerikas haltgemacht. Seht euch um und seht euch vor!

Es bedarf nicht vieler Worte: Die Abrüstungskonferenz bedeutet nicht nur für uns, sondern auch für euch eine letzte Gelegenheit zur Wahrung des Besten, was die Kulturmenschheit erzeugt hat. Auf Euch, als die Mächtigsten und als die verhältnismäßig Gesunden, sind die Blicke und Hoffnungen gerichtet.

Vom Schiedsgericht

Eine planmäßige Abrüstung innerhalb kurzer Zeit ist nur möglich in Verbindung mit einer Sicherheitsgarantie aller für jede einzelne Nation, ruhend auf einem permanenten, von den Regierungen unabhängigen Schiedsgericht.

Bedingungslose Verpflichtung der Staaten, die Entscheidungen des Schiedsgerichtes nicht nur zu akzeptieren, sondern auch zur Ausführung zu bringen.

Je ein besonderes Schiedsgericht für Europa-Afrika, Amerika, Asien; Australien wäre einem dieser drei Gebiete zuzuteilen. Gemeinsames Schiedsgericht für Fragen, die Gegenstände betreffen, die sich innerhalb der drei Einzelgebiete nicht lösen lassen.

Die Internationale der Wissenschaft

Als während des Krieges die nationale und politische Verblendung ihren Höhepunkt erreicht hatte, prägte Emil Fischer in einer Akademiesitzung mit Nachdruck den Satz: »Sie können nichts machen, meine Herren, die Wissenschaft ist und bleibt international.« Das haben die Großen unter den Forschern stets gewußt und leidenschaftlich gefühlt, obschon sie in Zeiten politischer Verwicklungen unter ihren Genossen kleineren Formats isoliert blieben. Diese Menge der Stimmberechtigten hat während des vergangenen Krieges in allen Lagern das ihr anvertraute heilige Gut verraten. Die internationale Assoziation der Akademien wurde gesprengt. Kongresse wurden und werden noch veranstaltet unter Ausschluß der Fachgenossen aus ehemals feindlichen Ländern. Mit wichtiger Miene vorgebrachte politische Erwägungen verhindern die für das Gedeihen der großen Ziele notwendige Alleinherrschaft rein sachlicher Gesichtspunkte.

Was können die Wohlgesinnten, den emotionalen Anfechtungen des Augenblicks nicht Unterworfenen tun, um das Verlorene wiederzugewinnen? Wirklich internationale Kongresse großen Stils können bei der noch vorhandenen Erregung der Mehrzahl der geistigen Arbeiter noch nicht veranstaltet werden; auch sind die psychologischen Widerstände gegen die Wiederaufrichtung der internationalen wissenschaftlichen Arbeitsgemeinschaften noch zu mächtig, um von der Minderzahl derjenigen überwunden werden zu können, die von größeren Gesichtspunkten und Gefühlen erfüllt sind. Diese können dem großen Ziel der Gesundung der internationalen Gesellschaften dadurch dienen, daß sie mit Gleichgesinnten aus allen Ländern enge Beziehungen unterhalten und in ihrem eigenen Wirkungskreis beharrlich für die internationalen Interessen eintreten. Der Erfolg im großen wird auf sich warten lassen; aber er wird sicher kommen. Ich will diese Gelegenheit nicht vorbeigehen lassen, ohne rühmend hervorzuheben, daß insbesondere bei einer großen Zahl englischer Fachgenossen das Streben nach Erhaltung der geistigen Gemeinschaft während dieser ganzen schweren Jahre lebendig geblieben ist. Überall sind die offiziellen Äußerungen schlimmer als die Gesinnung des einzelnen. Dies sollten die Wohlgesinnten im Auge behalten und sich nicht verärgern oder irremachen lassen: senatores boni viri, senatus autem besti.

Wenn ich bezüglich des Fortschreitens der allgemeinen internationalen Organisation voll zuversichtlicher Hoffnung bin, so beruht dies weniger auf dem Vertrauen auf die Einsicht und die Noblesse der Gesinnung als vielmehr auf dem gebieterischen Druck der wirtschaftlichen Entwicklung. Da diese in so hohem Maße auf der Gedankenarbeit selbst der rückschrittlich gesinnten Wissenschaftler ruht, werden auch diese gegen ihren Willen die internationale Organisation schaffen helfen.

Von den Minderheiten

Es scheint eine allgemeine Tatsache zu sein, daß Minderheiten – besonders, wenn deren Individuen durch körperliche Merkmale erkennbar sind – von den Mehrheiten, unter denen sie leben, als minderwertige Menschenklasse behandelt werden. Das Tragische solchen Schicksals liegt aber nicht nur in der instinktiv realisierten Benachteiligung dieser Minderheiten in wirtschaftlicher und sozialer Beziehung, sondern auch darin, daß die durch solche Behandlung Betroffenen infolge des suggestiven Einflusses der Majorität meist selbst jenem Wertungsvorurteil erliegen und ihresgleichen für minderwertig halten. Dieser zweite und größere Teil des Übels kann durch engeren Zusammenschluß und durch zielbewußte erzieherische Aufklärung der Minderheit beseitigt und so eine seelische Befreiung der Minderheit erreicht werden.

Das zielbewußte Streben der amerikanischen Neger in dieser Richtung verdient alle Anerkennung und Förderung.

Deutschland und Frankreich

Eine vertrauensvolle Zusammenarbeit zwischen Deutschland und Frankreich kann nur zustande kommen, wenn Frankreichs Verlangen nach Sicherheit gegen militärische Angriffe befriedigt wird. Wenn Frankreich aber hierauf bezügliche Anforderungen stellte, so würde ein solcher Schritt in Deutschland sicher übel aufgenommen werden.

Es scheint jedoch ein Vorgehen folgender Art möglich: Die deutsche Reigerung schlägt von sich aus der französischen vor, gemeinsam mit ihr einen Antrag dem Völkerbund zu unterbreiten, er möge allen Teilnehmerstaaten empfehlen, folgende Verpflichtungen auf sich zu nehmen:

1. sich jeder Entscheidung des internationalen Schiedsgerichtes zu unterwerfen,
2. mit allen seinen wirtschaftlichen und militärischen Hilfsmitteln in Gemeinsamkeit mit den übrigen Völkerbundstaaten gegen jeden Staat vorzugehen, der den Frieden bricht oder sich einer internationalen, im Interesse des Weltfriedens gefällten Entscheidung widersetzt.

Das Institut für geistige Zusammenarbeit

In diesem Jahr haben die maßgebenden Politiker Europas zum ersten Male die Konsequenzen aus der Erkenntnis gezogen, daß unser Erdteil nur dann wieder gedeihen kann, wenn der latente Kampf der traditionellen Staatengebilde gegeneinander aufhört. Die politische Organisation Europas muß gefestigt, die Beseitigung der hemmenden Zollgrenzen allmählich erstrebt werden. Dies große Ziel kann nicht ausschließlich durch Staatsverträge erreicht werden. Es bedarf dazu vor allem auch der Vorbereitung der Geister. Wir müssen danach streben, allmählich ein Solidaritätsgefühl in den Menschen zu erwecken, das nicht wie bisher an den Staatsgrenzen haltmacht. In dieser Erwägung hat der Völkerbund die »Commission de cooperation intellectuelle« ins Leben gerufen. Diese Kommission soll eine absolut internationale, von jeder Politik losgelöste Instanz sein, die auf allen Gebieten des geistigen Lebens die Verbindung zwischen den durch den Krieg isolierten nationalen Kulturkreisen herstellen soll. Es ist eine schwierige Aufgabe; denn es muß leider gesagt werden, daß – mindestens in den mir näher bekannten Ländern – die Gelehrten und Künstler sich viel mehr von engen nationalen Tendenzen leiten lassen als die Männer der Praxis.

Bisher vereinigte sich diese Kommission zweimal im Jahr. Um ihre Arbeit wirksamer zu gestalten, entschloß sich die französische Regierung, ein ständig arbeitendes Institut für geistige Zusammenarbeit zu schaffen und zu unterhalten, das nun in diesen Tagen eröffnet wird. Es ist eine generöse Tat des französischen Staates, die an sich den Dank aller verdient.

Es ist ein leichtes und dankbares Geschäft, zu jubeln und zu loben und über das zu schweigen, was man bedauert oder nicht billigt. Aber die Entwicklung unserer Aufgaben wird nur durch Ehrlichkeit gefördert. So will ich mich also nicht scheuen, diese Geburtsgratulation mit einer Kritik zu verbinden:

Ich habe täglich Gelegenheit, zu bemerken, daß das größte Hindernis, dem die Arbeit unserer Kommission begegnet, der Mangel an Vertrauen in deren politische Objektivität ist. Alles müßte geschehen, um jenes Vertrauen zu festigen; und alles müßte unterlassen werden, was jenes Vertrauen schädigen könnte.

Wenn nun die französische Regierung mit Mitteln des Staates in Paris als ständiges Organ der Kommission ein Institut errichtet und erhält, mit einem französischen Bürger als Direktor, so muß dies doch auf den ferner Stehenden den Eindruck machen, daß in der Kommission der französische Einfluß überwiege. Dieser Eindruck wird noch verstärkt durch die Tatsache, daß der bisherige Vorsitzende der Kommission selbst ein Franzose ist. Obschon die Männer, um die es sich handelt, von allen und überall hochgeschätzt sind und die höchste Sympathie genießen – der genannte Eindruck bleibt doch bestehen.

Dixi et salvi animam meam. Ich hoffe von Herzen, daß es dem neuen Institut gelingen wird, in ständiger Wechselwirkung mit der Kommission die gemeinsamen Ziele zu fördern und sich das Vertrauen und die Anerkennung der geistigen Arbeiter aller Länder zu erwerben.

Kultur und Wohlstand

Wenn man den Schaden ausmessen will, den die große politische Katastrophe der menschlichen Kulturentwicklung gebracht hat, so muß man sich daran erinnern, daß die feinere Kultur eine an komplizierte Bedingungen geknüpfte subtile Pflanze ist, die jeweilen nur an wenigen Orten zu gedeihen pflegt. Es bedarf zu ihrem Gedeihen zunächst eines gewissen Wohlstandes, der einen gewissen Bruchteil der Bevölkerung eines Landes in den Stand setzt, an Dingen zu arbeiten, die nicht unmittelbar nötig sind für die Erhaltung des Lebens. Es bedarf hierzu überdies einer moralischen Tradition der Wertschätzung kultureller Güter und Leistungen, vermöge deren dieser Schicht von den übrigen, für die unmittelbaren Lebensbedürfnisse arbeitenden Schichten die Lebensmöglichkeit geboten wird.

Deutschland gehörte in den letzten hundert Jahren zu den Ländern, in denen beide Bedingungen erfüllt waren. Der Wohlstand war im ganzen bescheiden, aber hinreichend, die Tradition der Wertschätzung für Kulturgüter kräftig. Auf solcher Basis schuf dieses Volk kulturelle Werte, die aus der modernen Entwicklung nicht hinweggedacht werden können. Die Tradition steht im ganzen noch unversehrt da, der Wohlstand ist erschüttert. Man hat der Industrie des Landes die Rohstoffquellen zum größten Teil weggenommen, auf Grund deren der industriell arbeitende Teil der Bevölkerung entstanden ist. Der Überschuß, der für die Erhaltung der geistige Werte schaffenden Arbeiter notwendig ist, fehlt plötzlich. Mit dieser Existenzbedingung muß auch die Tradition fallen und eine der fruchtbaren Pflanzstätten der Kultur veröden.

Die Menschheit hat, soweit sie geistige Güter hochschätzt, ein Interesse daran, solche Verarmung zu verhüten. Sie wird nach Kräften momentaner Not abhelfen und den durch nationalen Egoismus in den Hintergrund gedrängten höheren Gemeinsinn, für den menschliche Werte unabhängig von Politik und Landesgrenzen Geltung haben, wieder erwecken. Sie wird dann jedem Volk die Arbeitsbedingungen gewähren, auf Grund deren es existieren kann und auf Grund deren es imstande ist, Kulturwerte zu schaffen.

Krankheitssymptome des kulturellen Lebens

Ungehinderter Austausch der Gedanken und Resultate ist nötig für eine gesunde Entwicklung der Wissenschaft wie des kulturellen Lebens überhaupt. Es kann nach meiner Meinung kein Zweifel darüber bestehen, daß die Eingriffe der politischen Instanz dieses Landes in den Freiheitsaustausch des Wissens zwischen den Individuen bereits bedeutenden Schaden angerichtet haben. Zunächst erstreckt sich diese Schädigung auf die eigentlich wissenschaftliche Leistung; nach einiger Zeit wird sie sich in allen Zweigen der Produktion bemerkbar machen.

Weithin sichtbar werden jene Eingriffe der politischen Instanzen in das wissenschaftliche Leben der Nation durch die Verweigerung der Reisen hiesiger Gelehrter ins Ausland und ausländischer Gelehrter nach den USA. Solch kleinliches Verhalten eines mächtigen Landes ist nur das periphere Symptom einer tiefer sitzenden Krankheit.

Aber auch die Eingriffe in die Freiheit der Mitteilung wissenschaftlicher Ergebnisse durch Wort und Schrift, das durch eine polizeiliche Riesenorganisation gestützte mißtrauische Verhalten der Allgemeinheit gegen jeden einzelnen vom politischen Gesichtspunkt, die Ängstlichkeit der einzelnen Menschen, alles zu vermeiden, was sie irgendwie verdächtig erscheinen läßt und sie dadurch in ihrer wirtschaftlichen Existenz bedrohen könnte – all dies sind immer noch bloße Symptome, wenn auch solche, die den bedrohlichen Charakter der Krankheit klarer hervortreten lassen.

Die eigentliche Krankheit aber liegt nach meiner Ansicht in einer durch die Weltkriege geschaffenen, alles beherrschenden seelischen Einstellung: Wir müssen im Frieden unser ganzes Dasein, inklusive unserer Arbeit, so einrichten, daß wir im Fall eines Krieges des Sieges sicher sind.

Diese Einstellung induziert die zweite, daß man von mächtigen Feinden in seiner Freiheit und sogar in seiner Existenz bedroht sei. Diese Einstellung erklärt alle die abscheulichen Dinge, die wir vorher als Symptome bezeichnet haben. Sie muß – wenn sie nicht doch noch überwunden wird – mit Notwendigkeit zum Krieg und damit zur weitgehenden Vernichtung aller führen. Sie findet ihren hauptsächlichen Ausdruck im Budget der USA.

Erst wenn wir diese Zwangsidee überwunden haben, können wir uns in vernünftiger Weise dem wirklichen politischen Problem zuwenden: wie können wir dazu beitragen, das Dasein der Menschen auf dieser kleingewordenen Erde zu sichern und erträglich zu machen?

Warum dies alles? Weil es nicht möglich sein dürfte, uns von den genannten und von vielen anderen Krankheitssymptomen zu befreien, wenn wir mit der eigentlichen Krankheit nicht fertig werden können.

Gedanken über die ökonomische Weltkrise

Wenn es etwas gibt, das einem Laien auf dem ökonomischen Gebiet den Mut geben kann zu einer Meinungsäußerung über das Wesen der beängstigenden wirtschaftlichen Schwierigkeit der Gegenwart, so ist es das hoffnungslose Gewirr der Meinungen der Fachleute. Was ich zu sagen habe, ist nicht neu und will nicht mehr sein als der Ausdruck der Überzeugung eines unabhängigen und ehrlichen Menschen, der – unbeschwert durch nationale und Klassenvoruteile – nichts anderes wünscht als das Wohl der Menschheit und eine möglichst harmonische Gestaltung des menschlichen Daseins. Wenn ich dabei schreibe, als sei ich der Wahrheit meiner Aussagen sicher, so geschieht dies nur um der bequemeren Form des Ausdrucks willen, nicht als Ausdruck eines unbegründeten Selbstvertrauens, bzw. des Vertrauens auf die Unfehlbarkeit meiner simplen gedanklichen Auffassung von Verhältnissen, die in Wahrheit ungemein verwickelt sind.

Nach meiner Überzeugung ist diese Krise insofern nicht vom Charakter der früheren Krisen, als sie auf – durch den raschen Fortschritt der Produktionsmethoden bedingten – ganz neuartigen Verhältnissen beruht: für die Erzeugung der Gesamtmenge der lebensnotwendigen Konsumgüter ist nur mehr ein Bruchteil der verfügbaren menschlichen Arbeitskraft erforderlich. Diese Tatsache bedingt in einer völlig freien Wirtschaft notwendigerweise Arbeitslosigkeit.

Aus Gründen, die hier nicht analysiert werden sollen, ist nämlich in einer freien Wirtschaft die Mehrzahl der Menschen genötigt, für das Existenzminimum um Tagelohn zu arbeiten.

Von zwei Fabrikanten derselben Warengattung ist also unter sonst gleichen Bedingungen derjenige imstande, billigere Waren zu produzieren, der weniger Arbeiter anstellt, d. h. der den einzelnen Arbeiter so lange und so intensiv arbeiten läßt, als es die natürliche Beschaffenheit des Menschen eben noch zuläßt. Daraus ergibt sich aber mit Notwendigkeit, daß beim heutigen Stand der Arbeitsmethoden nur ein Teil der Arbeitskräfte Verwendung finden kann. Während dieser Teil unvernünftig beansprucht wird, bleibt der Rest automatisch aus dem Produktionsprozeß ausgeschaltet. Hierdurch sinkt der Warenabsatz und die Rentabilität. Unternehmungen gehen finanziell zugrunde. Neue Erhöhung der Arbeitslosigkeit folgt und Verminderung des Vertrauens in Unternehmungen und damit auch in die Beteiligung des Publikums an diese vermittelnden Banken, endlich Zahlungsunfähigkeit der Banken durch plötzliche Zurückziehung der Einlagen und damit völlige Stagnation der Wirtschaft.

Man hat die Krise auch auf andere Ursachen zurückzuführen gesucht, mit denen wir uns nun beschäftigen wollen:

Überproduktion: Da muß man zwischen zwei Dingen unterscheiden, nämlich zwischen der eigentlichen Überproduktion und der scheinbaren Überproduktion. Unter eigentlicher Überproduktion verstehe ich eine Produktion, die so hoch ist, daß sie den Bedarf überschreitet. Dies mag für Automobile und Weizen in den Vereinigten Staaten vielleicht gegenwärtig zutreffen, obwohl selbst dies zweifelhaft ist. Meist meint man mit »Überproduktion« den Zustand, in dem von einer Warensorte mehr produziert wird, als unter den obwaltenden Umständen verkauft werden kann, trotz Mangel an Konsumgütern bei den Konsumenten. Ich nenne diesen Zustand »scheinbare« Überproduktion. In diesem Falle fehlt nicht der Bedarf, sondern die Kaufkraft der Konsumenten. Solche scheinbare Überproduktion ist nur ein anderer Ausdruck für Krise und kann deshalb nicht zur Erklärung der letzteren gebraucht werden; man operiert also nur mit Scheingründen, wenn man für die gegenwärtige Krise die Überproduktion verantwortlich machen will.

Reparationen: Die Verpflichtungen, Reparationszahlungen zu leisten, lasten auf den Schuldnerländern und ihrer Wirtschaft. Sie zwingen diese Länder zu Dumping-Export und schädigen dadurch auch die Gläubigerstaaten. Dies kann nicht bestritten werden. Aber das Auftreten der Krise in den durch hohe Zollmauern geschützten Vereinigten Staaten zeigt, daß dies nicht die Hauptursache der Weltkrise sein kann. Auch die durch die Reparationen bewirkte Verknappung des Goldes in den Schuldnerländern kann höchstens als Argument für die Aufhebung dieser Zahlungen, nicht aber als Erklärung für die Weltkrise herangezogen werden.

Einrichtung vieler neuer Zollmauern; Vermehrung der unproduktiven Rüstungslasten; politische Unsicherheit wegen latenter Kriegsgefahr: all dies verschlechtert die Lage Europas bedeutend, ohne Amerika wesentlich zu tangieren. Das Auftreten der Krise in Amerika zeigt, daß dies nicht die wichtigsten Krisenursachen sein können.

Ausfall der Mächte China und Rußland: Auch diese Schädigung der Weltwirtschaft kann sich in Amerika nicht stark bemerkbar machen, kann also nicht die Hauptursache der Krise sein.

Wirtschaftlicher Aufstieg der unteren Schichten seit dem Kriege: dieser könnte – falls er wirklich besteht – nur Warenknappheit erzeugen, nicht Überangebot an Waren.

Ich will den Leser nicht durch Aufzählung weiterer Argumente, die nach meiner Überzeugung nicht das Wesen der Sache treffen, ermüden. Für mich steht fest: derselbe technische Fortschritt, der an sich berufen wäre, den Menschen einen großen Teil der zu ihrer Erhaltung nötigen Arbeitslast abzunehmen, ist die Hauptursache des gegenwärtigen Elends. Es gibt deshalb Beurteiler, welche allen Ernstes die Einführung technischer Vervollkommnungen verbieten wollen! Dies ist offenbar Unsinn. Wie aber kann auf vernünftigerem Weg ein Ausweg aus unserem Dilemma gefunden werden?

Wenn es gelingen würde, auf irgendeinem Weg zu verhindern, daß die Kaufkraft der Masse unter ein bestimmtes Minimalniveau (in Warenwert gemessen) sinkt, so wären derartige Stockungen des wirtschaftlichen Kreislaufes, wie wir sie gegenwärtig erleben, unmöglich gemacht.

Die logisch einfachste, aber auch riskanteste Methode zur Erreichung dieses Zustandes ist die völlige Planwirtschaft, die Erzeugung und Verteilung der lebenswichtigen Konsumgüter durch die Gemeinschaft. Dies ist es im wesentlichen, was in Rußland heute versucht wird. Viel wird davon abhängen, was für Ergebnisse dieser gewaltige Versuch zeitigen wird. Hier prophezeien zu wollen, wäre Vermessenheit. Ist bei einem solchen System eine ebenso wirtschaftliche Gütererzeugung möglich wie bei einem System, das der Initiative der Individuen mehr Freiheit läßt? Kann sich dies System überhaupt ohne den bis jetzt geübten Terror halten, dem ausgesetzt zu sein keiner von uns »westlich« orientierten Menschen auf sich nehmen möchte? Neigt ein derart starres und zentralisiertes Wirtschaftssystem nicht zur Abschließung gegen vorteilhafte Neuerungen und zur Protektionswirtschaft? Man muß sich aber wohl davor hüten, solche Bedenken zu Vorurteilen werden zu lassen, welche die Bildung eines objektiven Urteils verhindern.

Ich persönlich glaube, daß im allgemeinen solche Methoden zu bevorzugen sind, welche die Traditionen und Gewohnheiten so weit respektieren, als es mit dem ins Auge gefaßten Ziel irgend vereinbar ist. Auch glaube ich, daß ein rascher Übergang der Produktionsleitung in die öffentliche Hand im

Interesse der Gütererzeugung nicht vorteilhaft ist; der privaten Initiative soll ihr Wirkungsfeld belassen werden, soweit sie in Form von Kartellierung durch die Wirtschaft selbst nicht ausgeschaltet worden ist.

Jedenfalls aber sind in zwei Beziehungen Beschränkungen der freien Wirtschaft notwendig: Es ist durch gesetzliche Verfügungen in den einzelnen Produktionszweigen die wöchentliche Arbeitszeit so zu kürzen, daß dadurch die Arbeitslosigkeit systematisch beseitigt wird. Dabei muß durch Festsetzung von Minimallöhnen dafür gesorgt werden, daß die Kaufkraft der Lohnarbeiter der Produktion entspricht.

Ferner müßte auf den Produktionsgebieten, die durch Organisation der Produzenten Monopolcharakter erlangt haben, die Preisbildung durch den Staat kontrolliert werden, um die Kapitalbildungen in vernünftigen Grenzen zu halten und zu verhindern, daß eine künstliche Drosselung der Produktion und des Konsums stattfinde. Auf diese Weise wäre es vielleicht möglich, das Gleichgewicht zwischen Produktion und Konsum ohne gar zu große Beschränkung der freien Initiative herbeizuführen und zugleich die unerträgliche Übermacht der Besitzer der Produktionsmittel (Boden, Maschinen) über die Lohnarbeiter im weitesten Sinne zu beseitigen.

Produktion und Kaufkraft

Ich glaube nicht, daß in der Kenntnis der Produktionskapazität und des Verbrauchs das Mittel gegen die vorhandenen Schwierigkeiten liegt, weil diese Kenntnis im allgemeinen zu spät kommen dürfte. Ferner scheint mir in Deutschland das Übel nicht in einer Hypertrophie des Produktionsapparates zu liegen, sondern in der mangelnden Kaufkraft eines großen Teils der Bevölkerung, der durch die Rationalisierung aus dem Produktionsprozeß ausgeschaltet worden ist.

Die Goldwährung hat nach meiner Meinung den schweren Nachteil, daß die Verknappung der Goldbestände automatisch eine Verknappung des Kreditvolumens sowie der umlaufenden Zahlungsmittel zur Folge hat. Dieser Verknappung können sich die Preise und Löhne nicht schnell genug anpassen.

Natürliche Mittel zur Beseitigung der Übelstände sind nach meiner Meinung:

1. Nach Berufszweigen abgestufte, gesetzliche Verringerung der Arbeitszeit zur Beseitigung der Arbeitslosigkeit, in Verbindung mit Fixierung der Minimallöhne zur Regulierung der Kaufkraft der Massen gemäß der verfügbaren Warenproduktion.
2. Regulierung der zirkulierenden Geldmenge und des Kreditvolumens unter Konstanthaltung des mittleren Warenpreises, bei Abschaffung jeder besonderen Deckung.
3. Gesetzliche Beschränkung der Preise solcher Waren, die durch Monopol bzw. Kartellbildung der freien Konkurrenz praktisch entzogen sind.

Produktion und Arbeit

Antwort auf eine Zusendung

Ich sehe das Grundübel in der fast unbeschränkten Freiheit des Arbeitsmarktes in Verbindung mit den außerordentlichen Fortschritten der Produktionsmethoden. Um das bei den heutigen Bedürfnissen Nötige zu produzieren, braucht man lange nicht alle verfügbaren Arbeitskräfte. Daraus entsteht Arbeitslosigkeit und ungesunde Konkurrenz zwischen den Arbeitnehmern, ferner aus beiden Gründen Verringerung der Kaufkraft und damit eine unerträgliche Drosselung des ganzen Kreislaufs der Wirtschaft.

Ich weiß zwar, daß die liberalen Ökonomen behaupten, durch die Steigerung der Bedürfnisse werde jede Ersparung an

Arbeitskraft kompensiert. Aber daran glaube ich erstens nicht, und auch wenn es wahr wäre, würden die genannten Faktoren stets dazu führen, daß ein großer Teil der Menschen in ihrer Lebenshaltung ganz unnatürlich herabgedrückt würde.

Mit Ihnen glaube ich auch, daß unbedingt dafür gesorgt werden muß, daß die jüngeren Menschen am Produktionsprozeß teilnehmen können und müssen. Auch glaube ich, daß man die Älteren von gewissen Arbeiten – ich nenne es die unqualifizierte Arbeit – ausschließen sollte. Als Entschädigung würden sie eine Rente erhalten, da sie früher genügend lange von der Gesellschaft anerkannte produktive Arbeit geleistet haben.

Auch ich bin für die Abschaffung der großen Städte; aber ich bin nicht dafür, Menschen einer besonderen Kategorie, z. B. alte Menschen in besonderen Städten anzusiedeln. Ich muß sagen, daß mir dieser Gedanke abscheulich vorkommt.

Ich bin ebenfalls der Meinung, daß die Schwankungen des Geldwertes vermieden werden müssen, und zwar vermittels Ersetzung des Goldstandards durch den Standard einer festgesetzten, nach dem Gebrauchsverhältnis gemischten Warenmenge, wie sie – wenn ich nicht irre – Keynes schon längst vorgeschlagen hat. Bei Einführung dieses Modus könnte man eine gewisse »Inflation« gegenüber dem heutigen Geldwert zubilligen, sofern man glaubt, daß der Staat von einem solchen ihm gewährten Geschenk wirklich einen verständigen Gebrauch machen wird.

Die Schwächen Ihres Planes liegen nach meiner Ansicht im Psychologischen bzw. in dessen Vernachlässigung. Es ist kein Zufall, daß der Kapitalismus nicht nur Fortschritte der Produktion, sondern auch der Erkenntnis gebracht hat. Egoismus und Konkurrenz sind (leider!) stärkere Kräfte als Gemeinsinn und Pflichtgefühl. In Rußland soll man kein ordentliches Stück Brot bekommen ... Vielleicht bin ich allzu pessimistisch, was die Unternehmungen des Staates und der sonstigen Gemeinschaften anlangt, aber ich erwarte wenig Gutes davon. Bürokratie ist der Tod aller Leistungen. Ich habe zuviel Abschreckendes gesehen und miterlebt, selbst in der relativ vorbildlichen Schweiz.

Ich neige der Meinung zu, daß der Staat nur als beschränkender und regulativer Faktor dem Arbeitsprozeß wirklich förderlich sein kann. Er muß dafür sorgen, daß die Konkurrenz der Arbeitskräfte sich in gesunden Grenzen bewegt, daß allen Kindern eine solide Entwicklung zugesichert wird und daß der Arbeitslohn so hoch ist, daß die produzierten Güter auch verbraucht werden. Durch seine regulative Funktion kann er aber entscheidend wirken, wenn seine Maßnahmen von unabhängigen Fachleuten nach sachlichen Gesichtspunkten vorbereitet werden.

Bemerkungen zur gegenwärtigen europäischen Situation

Die gegenwärtige politische Situation der Welt und insbesondere Europas scheint mir dadurch gekennzeichnet, daß die politische Entwicklung materiell und ideell hinter den in relativ kurzer Zeit geänderten wirtschaftlichen Notwendigkeiten zurückgeblieben ist; Interessen der Einzelstaaten müssen Interessen der größeren Gemeinschaft untergeordnet werden. Der Kampf um diese neue Einstellung des politischen Denkens und Fühlens ist ein schwerer, weil er die Traditionen von Jahrhunderten gegen sich hat. Aber von seinem glücklichen Ausgang hängt die Lebensfähigkeit Europas ab. Es ist meine feste Überzeugung, daß nach Überwindung jener psychologischen Hemmungen die Lösung der realen Probleme nicht allzu schwer sein wird. Um die richtige Atmosphäre zu erzeugen, dazu bedarf es vor allem der persönlichen Verbindung Gleichstrebender. Möge es den vereinten Bestrebungen gelingen, eine Brücke des Vertrauens zwischen den Völkern zu bilden!

Vom friedlichen Zusammenleben der Nationen

Ein Beitrag zu Mrs. Roosevelts Television-Programm

Ich bin Ihnen dankbar dafür, Mrs. Roosevelt, daß Sie mir Gelegenheit geben, meine Überzeugung in dieser wichtigsten politischen Frage auszusprechen:

Der Glaube, man könne Sicherheit durch nationale Bewaffnung erlangen, ist beim gegenwärtigen Stand der militärischen Technik eine verhängnisvolle Illusion. Auf der Seite der USA wurde diese Illusion noch besonders begünstigt durch eine zweite, die darauf beruhte, daß es in diesem Land zuerst gelang, eine Atombombe herzustellen. Man neigte zum Glauben, daß es für die Dauer möglich sei, eine entscheidende militärische Überlegenheit zu erreichen. Auf diesem Weg glaubte man jeden potentiellen Gegner abschrecken zu können und dadurch uns selbst und der übrigen Menschheit die von allen so sehnlich gewünschte Sicherheit zu bringen. Die Maxime, der wir in den letzten fünf Jahren vertrauten, lautet: Sicherheit durch überlegenen Zwang, was er auch kosten möge.

Die Folge dieser mechanistischen, technisch-militärischen und psychologischen Einstellung konnte nicht ausbleiben. Jede außenpolitische Handlung wird beherrscht durch den einzigen Gesichtspunkt: Wie müssen wir handeln, um im Kriegsfalle dem Gegner möglichst überlegen zu sein? Errichtung von militärischen Stützpunkten an allen erreichbaren, strategisch wichtigen Punkten der Erde, Bewaffnung und wirtschaftliche Stärkung von potentiellen Bundesgenossen. Im Innern Konzentration ungeheurer finanzieller Macht in den Händen des Militärs, Militarisierung der Jugend, Überwachung der Loyalität der Bürger und besonders der Beamten durch eine immer mächtiger werdende Polizei, Einschüchterung der politisch unabhängig Denkenden, Beeinflussung der Mentalität der Bevölkerung durch Radio, Presse und Schule, Knebelung wachsender Gebiete der Mitteilung durch das militärisch bedingte Geheimnis.

Weitere Folgen: Das ursprünglich nur als Vorbeugung gedachte Wettrüsten zwischen den USA und der UdSSR nimmt einen hysterischen Charakter an. Auf beiden Seiten werden die Mittel der Massenvernichtung mit fieberhafter Eile betrieben – hinter der Mauer des Geheimnisses.

Die H-Bombe erscheint am Horizont der Öffentlichkeit als wahrscheinlich erreichbares Ziel. Ihre beschleunigte Entwicklung wird vom Präsidenten feierlich proklamiert. Ist sie erfolgreich, so bringt sie die radioaktive Verseuchung der Atmosphäre und damit die Vernichtung alles Lebendigen auf der Erde in den Bereich des technisch Möglichen. Das Gespenstische dieser Entwicklung liegt in ihrer scheinbaren Zwangsläufigkeit. Jeder Schritt erscheint als unvermeidliche Folge des vorangehenden. Als Ende winkt immer deutlicher die allgemeine Vernichtung.

Ist überhaupt ein Weg zur Rettung denkbar unter den obwaltenden, von den Menschen selbst geschaffenen Umständen? Wir alle und im besonderen auch die für das Verhalten der USA und der UdSSR verantwortlichen Personen müssen einsehen lernen, daß sie zwar einen äußeren Feind bezwungen haben, daß sie aber nicht fähig waren, sich von der durch den Krieg geschaffenen Mentalität zu befreien. Man kann nicht zu einem wirklichen Frieden gelangen, wenn man seine Handlungsweise nach der Möglichkeit eines künftigen Konfliktes einrichtet – besonders da immer klarer wird, daß ein solcher kriegerischer Konflikt allgemeine Vernichtung bedeuten würde. Der leitende Gedanke allen politischen Handelns müßte deshalb sein: Was können wir tun, um ein friedliches, im Rahmen des Möglichen befriedigendes Zusammenleben der Nationen herbeizuführen? Erstes Problem ist die Beseitigung der gegenseitigen Furcht und des gegenseitigen Mißtrauens. Feierlicher Verzicht auf gegenseitige Gewaltanwendung (nicht nur Verzicht auf Verwendung von Mitteln der Massenvernichtung) ist zweifellos nötig. Solcher Verzicht kann aber nur dann wirksam sein, wenn er mit der Einführung einer übernationalen richterlichen und exekutiven Instanz verbunden ist, der die Entscheidung der mit der Sicherheit der Nationen unmittelbar verknüpften Probleme übertragen wird. Schon eine Erklärung der Nationen, an der Realisierung einer solchen »beschränkten Weltregierung« loyal mitzuarbeiten, würde die eminente Kriegsgefahr bedeutend herabsetzen.

Letzten Endes beruht jedes friedliche Zusammenleben der Menschen in erster Linie auf gegenseitigem Vertrauen und erst in zweiter Linie auf Institutionen wie Gericht und Polizei; dies gilt ebenso für Nationen wie für Einzelindividuen. Das Vertrauen aber gründet sich auf eine loyale Beziehung des »give and take«, d. h. des Nehmens und Gebens.

Wie verhält es sich aber mit der internationalen Kontrolle? Nun, sie mag als polizeiliche Maßregel sekundär nützlich sein. Man wird aber gut daran tun, ihre Wichtigkeit nicht zu überschätzen. Ein Vergleich mit der »Prohibition« stimmt nachdenklich.

Zur Sicherung des Menschengeschlechtes

Die Entdeckung der atomistischen Kettenreaktionen braucht den Menschen so wenig Vernichtung zu bringen wie die Erfindung der Zündhölzer. Wir müssen nur all das tun, was den Mißbrauch der Mittel beseitigt. Beim heutigen Stand der technischen Mittel kann uns nur eine übernationale Organisation schützen, verbunden mit einer hinreichend starken Exekutivgewalt. Wenn wir dies eingesehen haben, werden wir auch die Kraft finden, die für die Sicherung des Menschengeschlechtes nötigen Opfer zu bringen. Jeder einzelne von uns wäre schuld daran, wenn das Ziel nicht rechtzeitig erreicht würde. Die Gefahr ist, daß jeder untätig darauf wartet, daß andere für ihn handeln.

Den in unserem Jahrhundert erzielten Fortschritten der Wissenschaft wird jeder Mensch Respekt zollen, der einigen Einblick hat, ja selbst der oberflächliche Beobachter, der nur technische Anwendungen zu sehen bekommt. Man wird aber die Leistungen der letzten Zeit nicht überschätzen, wenn man die Probleme der Wissenschaft im großen nicht aus dem Auge verliert. Es ist wie beim Eisenbahnfahren: achtet man nur auf die nächste Umgebung, so scheint man im Flug fortzukommen. Achtet man aber auf große Formen wie auf hohe Gebirge, so ändert sich die Situation nur ganz langsam. Ähnlich ist es, wenn man die großen Probleme der Wissenschaft im Auge hat.

Es ist meiner Meinung nach nicht vernünftig, von »our way of life« oder dem der Russen überhaupt zu sprechen. In beiden Fällen handelt es sich um eine Sammlung von Traditionen und Gewohnheiten, die kein organisches Ganzes bilden. Es ist gewiß besser, sich zu fragen, was für Einrichtungen und Traditionen für die Menschen schädlich und welche nützlich sind, welche das Leben glücklicher, welche es schmerzlicher machen. Man muß dann das als besser Erkannte einzuführen versuchen, unabhängig davon, ob es gegenwärtig bei uns oder sonstwo realisiert ist.

Wir Erben

Frühere Generationen konnten glauben, daß die geistigen und zivilisatorischen Fortschritte nichts anderes für sie seien als ererbte Früchte der von den Vorfahren geleisteten Arbeit, die ein leichteres und verschönertes Leben gewähren. Die schwereren Nöte unserer Zeit zeigen aber, daß dies eine verhängnisvolle Illusion gewesen ist. Wir sehen, daß die größten Anstrengungen gemacht werden müssen, damit dieses Erbe der Menschheit nicht zum Fluch, sondern zum Segen gereicht. War nämlich früher ein Mensch schon dann sozial wertvoll, wenn er sich einigermaßen von persönlichem Egoismus frei machte, so muß heute auch die Überwindung des nationalen und des Klassenegoismus von ihm gefordert werden. Denn nur dann, wenn er so weit emporgestiegen ist, trägt er dazu bei, das Los der menschlichen Gemeinschaft zu verbessern.

Dieser wichtigsten Forderung der Zeit gegenüber befinden sich die Bewohner kleinerer Staaten in verhältnismäßig günstigerer Lage als die Bürger der großen Staaten, weil diese politisch und wirtschaftlich den Lockungen brutaler Machtentfaltung ausgesetzt sind. Das Übereinkommen zwischen Holland und Belgien, das den einzigen Lichtblick in der europäischen Entwicklung der letzten Zeit bildet, läßt auch hoffen, daß den kleinen Nationen eine führende Rolle zufallen wird beim Streben, durch Verzicht auf unbeschränkt freie Selbstbestimmung der einzelnen Staaten zu einer Befreiung vom entwürdigenden Joch des Militarismus zu gelangen.

III
Im Kampf gegen den Nationalsozialismus

Bekenntnis

März 1933

Solange mir eine Möglichkeit offensteht, werde ich mich nur in einem Land aufhalten, in dem politische Freiheit, Toleranz und Gleichheit aller Bürger vor dem Gesetz herrschen. Zur politischen Freiheit gehört die Freiheit der mündlichen und schriftlichen Äußerung politischer Überzeugung, zur Toleranz die Achtung vor jeglicher Überzeugung eines Individuums.

Diese Bedingungen sind gegenwärtig in Deutschland nicht erfüllt. Es werden dort diejenigen verfolgt, die sich um die Pflege internationaler Verständigung besonders verdient gemacht haben, darunter einige der führenden Künstler.

Wie jedes Individuum, so kann auch jeder gesellschaftliche Organismus psychisch krank werden, besonders in Zeiten erschwerter Existenz. Nationen pflegen solche Krankheiten zu überstehen. Ich hoffe, daß in Deutschland bald gesunde Verhältnisse eintreten werden und daß dort in Zukunft die großen Männer wie Kant und Goethe nicht nur von Zeit zu Zeit gefeiert werden, sondern daß sich auch die von ihnen gelehrten Grundsätze im öffentlichen Leben und im allgemeinen Bewußtsein durchsetzen.

Briefwechsel mit der Preußischen Akademie der Wissenschaften

Die Erklärung der Akademie vom 1. April 1933

Die Preußische Akademie der Wissenschaften hat mit Entrüstung von den Zeitungsnachrichten über die Beteiligung Albert Einsteins an der Greuelhetze in Frankreich und Amerika Kenntnis erhalten. Sie hat sofort Rechenschaft von ihm gefordert. Inzwischen hat Einstein seinen Austritt aus der Akademie erklärt mit der Begründung, daß er dem preußischen Staate unter der jetzigen Regierung nicht mehr dienen könne. Da er Schweizer Bürger ist, scheint er auch zu beabsichtigen, die preußische Staatsangehörigkeit aufzugeben, die er 1913 lediglich durch die Aufnahme in die Akademie als ordentliches hauptamtliches Mitglied erlangt hat.

Die Preußische Akademie der Wissenschaften empfindet das agitatorische Auftreten Einsteins im Auslande um so schwerer, als sie und ihre Mitglieder seit alten Zeiten sich aufs engste mit dem preußischen Staate verbunden fühlt und bei aller gebotenen und strengen Zurückhaltung in politischen Fragen den nationalen Gedanken stets betont und bewahrt hat. Sie hat aus diesem Grunde keinen Anlaß, den Austritt Einsteins zu bedauern.

Für die Preußische Akademie der Wissenschaften:
Prof. Dr. Ernst Heymann, ständiger Sekretär

Albert Einsteins Antwort an die Preußische Akademie der Wissenschaften

Le Coq bei Ostende, den 5. April 1933

Ich habe von durchaus zuverlässiger Seite die Nachricht erhalten, daß die Akademie der Wissenschaften in einer offiziellen Erklärung von einer »Beteiligung Albert Einsteins an der Greuelhetze in Frankreich und Amerika« gesprochen hat. Ich erkläre hiermit, daß ich mich niemals an einer Greuelhetze beteiligt habe, und ich muß hinzufügen, daß ich von einer solchen Hetze überhaupt nirgends etwas gesehen habe. Man begnügte sich im großen und ganzen damit, die offiziellen Kundgebungen und Anordnungen der verantwortlichen deutschen Regierungspersonen sowie das Programm betreffend die Vernichtung der deutschen Juden auf wirtschaftlichem Wege wiederzugeben und zu kommentieren.

Die Erklärungen, welche ich der Presse gegeben habe, beziehen sich darauf, daß ich meine Stellung an der Akademie niederlegen und mein preußisches Bürgerrecht aufgeben würde; ich begründete dies damit, daß ich nicht in einem Staate leben wolle, in dem den Individuen nicht gleiches Recht vor dem Gesetz sowie Freiheit des Wortes und der Lehre zugestanden wird.

Ich erklärte ferner den Zustand im jetzigen Deutschland als einen Zustand psychischer Erkrankung der Massen und sagte auch einiges über die Ursachen dieses Zustandes.

In einem Schriftstück, das ich der Internationalen Liga zur Bekämpfung des Antisemitismus zu Werbungszwecken überließ und das überhaupt nicht für die Presse bestimmt war, forderte ich ferner alle besonnenen und den Idealen einer bedrohten Zivilisation treu gebliebenen Menschen auf, alles daranzusetzen, daß diese in Deutschland in so furchtbarer Weise sich äußernde Massenpsychose nicht weiter um sich greife.

Es würde der Akademie ein leichtes gewesen sein, sich in den Besitz des richtigen Textes meiner Aussagen zu setzen, bevor sie sich über mich in solcher Weise äußert, wie sie es getan hat. Die deutsche Presse hat meine Äußerungen tendenziös entstellt wiedergegeben, wie es bei der gegenwärtig dort herrschenden Knebelung der Presse auch gar nicht anders erwartet werden kann.

Ich stehe für jedes Wort ein, das ich veröffentlicht habe. Ich erwarte aber andererseits von der Akademie, zumal sie sich ja selbst an meiner Diffamierung vor dem deutschen Publikum beteiligt hat, daß sie diese meine Aussage ihren Mitgliedern sowie jenem deutschen Publikum zur Kenntnis bringe, vor welchem ich verleumdet worden bin.

Zwei Schreiben der Preußischen Akademie

1. Berlin, den 7. April 1933

Sehr verehrter Herr Professor!

Als derzeit vorsitzender Sekretär der Preußischen Akademie bestätige ich den Empfang Ihrer vom 28. März datierten Mitteilung, daß Sie Ihre Stellung bei der Akademie niedergelegt haben.

In der Plenarsitzung vom 30. März 1933 hat die Akademie Ihren Austritt zur Kenntnis genommen.

Wenn die Akademie diese Entwicklung aufs tiefste bedauert, so ist dies Bedauern freilich darauf gerichtet, daß ein Mann von höchster wissenschaftlicher Geltung, den die langjährige Wirksamkeit unter Deutschen, die langjährige Zugehörigkeit zu unserem Kreise mit deutscher Art und deutscher Denkweise vertraut gemacht haben mußten, in dieser Zeit im Auslande sich in einen Kreis eingefügt hat, der – sicher zum Teil in Unkenntnis der tatsächlichen Verhältnisse und Vorgänge – durch Verbreitung falscher Urteile und unbegründeter Vermutungen zum Schaden unseres deutschen Volkes sich ausgewirkt hat. Von einem Manne, der unserer Akademie so lange angehört hat, hätten wir mit Bestimmtheit erwartet, daß er ohne Rücksicht auf seine eigene politische Einstellung sich auf die Seite derer gestellt hätte, die unser Volk in dieser Zeit gegen die Flut von Verleumdung verteidigt haben. Wie machtvoll hätte im Ausland in diesen Tagen zum Teil scheußlicher, zum Teil lächerlicher Verdächtigungen gerade Ihr Zeugnis für das deutsche Volk werden können! Daß statt dessen Ihr Zeugnis von jenen ausgenutzt werden konnte, die – über die Ablehnung der gegenwärtigen deutschen Regierung hinaus – dem deutschen Volk in Ablehnung und Feindschaft gegenüberstehen, war eine herbe, schmerzliche Enttäuschung für uns, die zur Trennung wohl auch dann hätte führen müssen, wenn uns nicht Ihre Austrittsmitteilung zugegangen wäre.

Mit vorzüglicher Hochachtung
v. Ficker

2. 11. April 1933

Hierzu bemerkt die Akademie der Wissenschaften, daß ihre Erklärung vom 1. April 1933 nicht nur auf deutsche, sondern in der Hauptsache auf ausländische, insbesondere auf die Berichte französischer und belgischer Zeitungen, sich gründet, denen Herr Einstein nicht widersprochen hat; ferner lag ihr unter anderem seine weithin wörtlich verbreitete Erklärung an die Liga gegen den Antisemitismus vor, in der er sich gegen den Rückfall Deutschlands in die Barbarei längstvergangener Zeiten wendet. Im übrigen stellt die Akademie fest, daß Herr Einstein, der nach seiner eigenen Erklärung an der Greuelhetze sich nicht beteiligt hat, auch nichts getan hat, um den Verdächtigungen und Verleumdungen entgegenzutreten, wozu er nach Auffassung der Akademie als ihr langjähriges hauptamtliches Mitglied verpflichtet gewesen wäre. Herr Einstein hat vielmehr, und zwar im Auslande, Erklärungen abgegeben, die als Zeugnis eines weltbekannten Mannes von allen Kreisen ausgenützt und mißbraucht werden mußten, die nicht nur der gegenwärtigen deutschen Regierung, sondern dem ganzen deutschen Volke in Ablehnung und Feindschaft gegenüberstehen.

Für die Preuß. Akademie der Wissenschaften:
H. von Ficker – E. Heymann
Ständige Sekretäre

Albert Einsteins Antwort

Le Coq-sur-Mer (Belgien), 12. April 1933

Ich erhalte Ihr Schreiben vom 7. 4. cr. und bedaure außerordentlich die Gesinnung, die sich darin kundgibt.

Sachlich habe ich nur folgendes zu erwidern:

Ihre Behauptung über meine Haltung ist im Grunde nur eine andere Form Ihrer bereits veröffentlichten Erklärung, in der Sie mich beschuldigten, mich an einer Greuelhetze gegen das deutsche Volk beteiligt zu haben. Diese Behauptung habe ich bereits in meinem letzten Schreiben als eine Verleumdung bezeichnet.

Sie haben ferner bemerkt, daß ein »Zeugnis« meinerseits für »das deutsche Volk« sehr machtvoll im Ausland gewirkt haben würde. Hierauf muß ich erwidern, daß ein solches Zeugnis, wie Sie es mir zumuten, einer Verneinung aller der Anschauungen von Gerechtigkeit und Freiheit gleichgekommen wäre, für die ich mein Leben lang eingetreten bin. Ein solches Zeugnis wäre nämlich nicht, wie Sie sagen, ein Zeugnis für das deutsche Volk gewesen; es hätte sich vielmehr nur zugunsten derer auswirken können, die jene Ideen und Prinzipien zu beseitigen suchen, die dem deutschen Volk einen Ehrenplatz in der Weltzivilisation verschafft haben. Durch ein solches Zeugnis unter den gegenwärtigen Umständen hätte ich – wenn auch nur indirekt zur Sittenverrohung und Vernichtung aller heutigen Kulturwerte beigetragen.

Eben aus diesem Grunde habe ich mich gedrängt gefühlt, aus der Akademie auszutreten, und Ihr Schreiben beweist mir nur, wie richtig ich damit gehandelt habe.

Ein Brief der Bayerischen Akademie der Wissenschaften

München, den 8. April 1933

Euer Hochwohlgeboren!

Sie haben in Ihrem Schreiben an die Preußische Akademie der Wissenschaften Ihren Austritt mit den in Deutschland gegenwärtig herrschenden Zuständen motiviert. Die Bayerische Akademie der Wissenschaften, die Sie vor einigen Jahren zum korrespondierenden Mitglied gewählt hat, ist ebenfalls eine deutsche Akademie, mit der Preußischen und den sonstigen Akademien in enger Solidarität verbunden, so daß Ihre Trennung von der Preußischen Akademie der Wissenschaften nicht ohne Einfluß auf Ihre Beziehungen zu unserer Akademie bleiben kann.

Wir müssen Sie daher fragen, wie Sie nach dem, was zwischen Ihnen und der Preußischen Akademie vorgegangen ist, das Verhältnis zu unserer auffassen?

Das Präsidium der Bayerischen Akademie
der Wissenschaften

Albert Einsteins Antwort

Le Coq-sur-Mer, den 21. April 1933

Ich habe den Rücktritt von meiner Stellung an der Preußischen Akademie damit begründet, daß ich unter den obwaltenden Umständen weder deutscher Bürger sein noch in einer Art Abhängigkeitsverhältnis zu dem preußischen Unterrichtsministerium stehen wolle.

Diese Gründe würden an und für sich eine Lösung meiner Beziehungen zur Bayerischen Akademie nicht bedingen. Wenn ich trotzdem wünsche, daß mein Name aus der Liste der Mitglieder gestrichen wird, so hat dies einen anderen Grund: Akademien haben in erster Linie die Aufgabe, das wissenschaftliche Leben eines Landes zu fördern und zu schützen. Die deutschen gelehrten Gesellschaften haben aber – soviel mir bekannt ist – es schweigend hingenommen, daß ein nicht unerheblicher Teil der deutschen Gelehrten und Studenten sowie der auf Grund einer akademischen Ausbildung Berufstätigen ihrer Arbeitsmöglichkeit und ihres Lebensunterhaltes in Deutschland beraubt wird. Einer Gesellschaft, die – wenn auch unter äußerem Druck – eine solche Haltung einnimmt, möchte ich nicht angehören.

Antwort auf die Einladung zur Teilnahme an einer Demonstration

Diese Zeilen sind die Antwort auf eine Einladung, sich an einer französischen Kundgebung gegen den deutschen Antisemitismus zu beteiligen.

Ich habe die ungemein wichtige Anfrage, die mich mehr als eine mir am Herzen liegende Sache berührt, nach allen Seiten sorgsam überlegt. Das Ergebnis war, daß ich mich an dieser höchst wichtigen Manifestation nicht persönlich beteiligen darf, und zwar aus zwei Gründen:

Ich bin erstens noch deutscher Bürger, und ich bin zweitens Jude. Was den ersten Punkt anlangt, so muß ich hinzufügen, daß ich an deutschen Institutionen wirkte und in Deutschland stets als Vertrauensperson behandelt wurde. Wie schwer ich es auch bedauern mag, daß so schlimme Dinge in Deutschland vorkommen, wie sehr ich die dort unter der Billigung der Regierung stattfindenden furchtbaren Verirrungen verurteilen muß – ich darf doch nicht bei einer Veranstaltung persönlich mitwirken, die von offiziellen Persönlichkeiten einer ausländischen Regierung ausgeht. Um dies ganz würdigen zu können, bitte ich Sie, sich vorzustellen, daß ein französischer Bürger in einem irgendwie analogen Fall zusammen mit prominenten deutschen Staatsmännern eine Protestaktion gegen Handlungen der französischen Regierung ins Werk setzte. Sie würden – auch wenn Sie die sachliche Berechtigung des Protestes wirklich in vollem Maße einsähen – die Handlungsweise Ihres Mitbürgers wahrscheinlich doch als einen Akt der Treulosigkeit empfinden. Wenn Zola zur Zeit der Dreyfus-Affäre sich veranlaßt gesehen hätte, Frankreich zu verlassen, so hätte er sich an einer Protestaktion deutscher offizieller Persönlichkeiten – wie sehr er sachlich auch dieselbe gebilligt haben möge – doch gewiß nicht beteiligt. Er hätte sich darauf beschränkt, sich – für seine Landsleute zu schämen.

Zweitens ist es unvergleichlich wertvoller, wenn der Protest gegen Ungerechtigkeiten und gegen Gewalttaten von Persönlichkeiten ausgeht, deren Teilnahme ausschließlich von Gefühlen der Humanität und Gerechtigkeitsliebe getragen ist. Dies trifft nicht zu für einen Mann wie mich, für einen Juden, der andere Juden als seine Brüder betrachtet. Für ihn ist Unrecht, das Juden angetan wird, wie Unrecht, das ihm selbst zugefügt wird. Er soll nicht selbst in eigener Sache urteilen, sondern das Urteil der persönlich Unbeteiligten abwarten.

Dies sind meine Gründe. Ich darf aber wohl noch hinzufügen, daß ich die hohe Entwicklung des Sinnes für Gerechtigkeit stets bewundert und verehrt habe, die einen der schönsten Züge der Tradition des französischen Volkes bildet.

IV
Jüdische Probleme

Jüdische Ideale

Streben nach Erkenntnis um ihrer selbst willen, an Fanatismus grenzende Liebe zur Gerechtigkeit und Streben nach persönlicher Selbständigkeit – das sind die Motive der Tradition des jüdischen Volkes, die mich meine Zugehörigkeit zu ihm als ein Geschenk des Schicksals empfinden lassen.

Diejenigen, die heute gegen die Ideale der Vernunft und der individuellen Freiheit wüten und mit den Mitteln brutaler Gewalt die geistlose Staatssklaverei durchsetzen wollen, sehen mit Recht in uns ihre unversöhnlichen Gegner. Die Geschichte hat uns einen schweren Kampf auferlegt. Aber solange wir ergebene Diener der Wahrheit, Gerechtigkeit und Freiheit bleiben, werden wir nicht nur fortbestehen als eines der ältesten lebenden Kulturvölker, sondern auch wie bisher in produktiver Arbeit Werte schaffen, die zur Veredelung der Menschheit beitragen.

Gibt es eine jüdische Weltanschauung?

Eine jüdische Weltanschauung im philosophischen Sinne gibt es nach meiner Meinung nicht. Judentum scheint mir fast ausschließlich die moralische Einstellung im Leben und zum Leben zu betreffen. Judentum scheint mir mehr der Inbegriff der im jüdischen Volke lebendigen Lebenseinstellung zu sein als der Inbegriff der in der Thora niedergelegten und im Talmud interpretierten Gesetze. Thora und Talmud sind für mich nur die wichtigsten Zeugnisse für das Walten der jüdischen Lebensauffassung in früherer Zeit.

Das Wesen der jüdischen Lebensauffassung scheint mir zu sein: Bejahung des Lebens aller Geschöpfe. Leben des Individuums hat nur Sinn im Dienst der Verschönerung und Veredelung des Lebens alles Lebendigen. Leben ist heilig, d.h. der höchste Wert, von dem alle Wertungen abhängen. Die Heiligung des über-individuellen Lebens bringt die Verehrung alles Geistigen mit sich – ein besonders charakteristischer Zug der jüdischen Tradition.

Judentum ist kein Glaube. Der jüdische Gott ist nur eine Verneinung des Aberglaubens, ein Phantasieersatz für dessen Beseitigung. Es ist auch ein Versuch, das Moralgesetz auf Furcht zu gründen, ein bedauernswerter unrühmlicher Versuch. Doch scheint mir, daß die starke moralische Tradition im jüdischen Volke sich weitgehend von dieser Furcht losgelöst hat. Auch ist deutlich, daß »Gott dienen« mit »dem Lebendigen dienen« gleichgesetzt wurde. Dafür haben die Besten des jüdischen Volkes, im besonderen die Propheten und Jesus, unermüdlich gekämpft.

So ist das Judentum keine transzendente Religion; es hat nur mit dem von uns erlebten, gewissermaßen greifbaren Leben zu tun und mit nichts anderem. Es scheint mir daher fraglich, ob es eine »Religion« im geläufigen Sinn des Wortes genannt werden kann, zumal eben vom Juden kein »Glaube« verlangt wird, sondern Heiligung des Lebens im überpersönlichen Sinn.

Es steckt aber noch etwas anderes in der jüdischen Tradition, was sich in manchen Psalmen so herrlich offenbart, nämlich eine Art trunkener Freude und Verwunderung über die

Schönheit und Erhabenheit dieser Welt, von welcher der Mensch eben noch eine schwache Ahnung erlangen kann. Es ist das Gefühl, aus welchem auch die wahre Forschung ihre geistige Kraft schöpft, das sich aber auch im Gesang der Vögel zu äußern scheint. Hier erscheint die Verknüpfung mit der Gottesidee nur wie kindliche Einfalt.

Ist nun das Gesagte für das Judentum charakteristisch? Lebt es auch sonstwo unter anderem Namen? Rein lebt es nirgends, auch im Judentum nicht, wo viel Buchstabenkultus die reine Lehre verdunkelt. Aber ich sehe doch im Judentum eine ihrer lebendigsten und reinsten Realisierungen. Dies gilt besonders vom Grundsatz der Heiligung des Lebens.

Es ist charakteristisch, daß im Gebot der Heiligung des Sabbats auch die Tiere ausdrücklich eingeschlossen waren, so sehr fühlte man die Forderung der Solidarität des Lebenden als Ideal. Noch viel stärker kommt die Forderung der Solidarität aller Menschen zum Ausdruck, und es ist kein Zufall, daß die sozialistischen Forderungen größtenteils von Juden ausgingen.

Wie sehr aber das Bewußtsein von der Heiligkeit des Lebens im jüdischen Volke lebendig ist, wird sehr schön durch ein Sätzchen veranschaulicht, das Walther Rathenau mir gegenüber einmal in einem Gespräch äußerte: »Wenn ein Jude sagt, er gehe zu seinem Vergnügen auf die Jagd, so lügt er.« Einfacher kann man das Bewußtsein von der Heiligkeit des Lebens, wie es im jüdischen Volke lebt, nicht Ausdruck geben.

Christentum und Judentum

Wenn man das Judentum der Propheten und das Christentum, wie es Jesus Christus gelehrt hat, von allen Zutaten der Späteren, insbesondere der Priester, loslöst, so bleibt eine Lehre übrig, die die Menschheit von allen sozialen Krankheiten zu heilen imstande wäre.

Dem wohlmeinenden Menschen erwächst die Pflicht, in seinem Kreis unentwegt zu versuchen, diese Lehre der reinen Menschlichkeit lebendig zu machen, so gut er es vermag. Wenn er dies ehrlich versucht, ohne von den Zeitgenossen verstoßen und vernichtet zu werden, so darf er sich und seine Gemeinschaft glücklich preisen.

Jüdische Gemeinschaft

Eine Londoner Rede

Nicht leicht fällt es mir, den Hang zu einem Leben in stiller Betrachtung zu überwinden. Doch dem Ruf der Gesellschaften ORT und OZE durfte ich mich nicht entziehen. Denn es ist zugleich sozusagen der Ruf unseres schwer gedrückten jüdischen Volkes, dem ich da Folge leiste.

Die Situation unserer über die Erde zerstreuten jüdischen Gemeinschaft ist zugleich ein Barometer des moralischen Standards in der politischen Welt. Denn was könnte für den Stand der politischen Moral und des Gerechtigkeitsgefühles charakteristischer sein als die Haltung der Nationen gegenüber einer wehrlosen Minderheit, deren Besonderheit in der Wahrung einer alten Kulturtradition besteht?

Dieses Barometer steht tief in unserer Zeit. Dies fühlen wir schmerzlich an unserem Schicksal. Aber eben dieser Tiefstand bestärkt mich in der Überzeugung, daß die Erhaltung und Konsolidierung dieser Gemeinschaft unsere Pflicht ist. In der Tradition des jüdischen Volkes steckt ein Streben zur Gerechtigkeit und Vernunft, das der Allgemeinheit der Völker auch in der Gegenwart und Zukunft dienen soll. Spinoza und Karl Marx sind aus dieser Tradition in neuer Zeit erwachsen.

Wer den Geist erhalten will, muß auch den Körper pflegen, an den jeder gebunden ist. Die Gesellschaft OZE dient dem

Körper unseres Volkes im wörtlichen Sinn. In Osteuropa arbeitet sie unermüdlich an der leiblichen Erhaltung unseres dort ökonomisch ungemein schwer bedrückten Volkes, währenddem die Gesellschaft ORT eine sozial und ökonomisch schwere Schädigung zu heben trachtet, an der das jüdische Volk seit dem Mittelalter krankt. Dadurch, daß uns im Mittelalter die unmittelbar produktiven Berufe verschlossen blieben, wurden wir in die rein merkantilen Berufe gedrängt. Dem jüdischen Volk kann in den östlichen Ländern nur dadurch wirksam geholfen werden, daß man ihm neue Felder beruflicher Art zugänglich macht, um die es in der ganzen Welt ringt. Dies ist das schwere Problem, an dem die ORT-Gesellschaft mit Erfolg arbeitet.

Zu euch, englische Volksgenossen, geht nun der Ruf, an diesem groß angelegten Werk mitzuwirken, das vortreffliche Männer ins Leben gerufen haben. Die letzten Jahre, ja, die letzten Tage haben uns eine Enttäuschung gebracht, die gerade euch nahegegangen sein muß. Klagt nicht über das Schicksal, sondern seht in diesen Ereignissen ein Motiv, der Sache der jüdischen Gemeinschaft treu zu sein und zu bleiben! Ich bin der festen Überzeugung, daß wir so indirekt auch allgemeinen menschlichen Zielen dienen, die uns stets die höchsten bleiben müssen.

Bedenkt auch, daß Schwierigkeiten und Hindernisse eine wertvolle Quelle der Kraft und Gesundheit einer jeglichen Gemeinschaft sind. Wir hätten als Gemeinschaft die Jahrtausende nicht überlebt, wenn wir auf Rosen gebettet gewesen wären; davon bin ich fest überzeugt.

Ein noch schönerer Trost wird uns zuteil. Unsere Freunde sind nicht gerade groß an Zahl, aber unter ihnen sind Menschen von hohem Geist und Gerechtigkeitssinn, denen die Veredelung der menschlichen Gemeinschaft und die Befreiung der Individuen von entwürdigendem Druck Lebensaufgabe ist.

Wir sind froh und beglückt, daß wir heute solche Männer aus der nichtjüdischen Welt unter uns haben, die diesem denkwürdigen Abend eine besondere Feierlichkeit verleihen. Es beglückt mich, Bernard Shaw und H. G. Wells vor mir zu sehen, zu deren Lebensauffassung ich mich ganz besonders hingezogen fühle.

Sie, Herr Shaw, haben es fertiggebracht, die Liebe und die freudige Bewunderung der Menschen zu erwerben auf einem Weg, der anderen zum Martyrium geworden ist. Sie haben den Menschen nicht nur Moral gepredigt, sondern sie haben sie sogar verspottet, was vielen unantastbar zu sein schien. Was Sie getan haben, kann eben nur der zum Künstler Geborene. Sie haben Ihrer Zauberschachtel unzählige Figürchen entnommen, die menschenähnlich sind, aber doch nicht aus Fleisch und Bein bestehen, sondern aus Geist, Witz und Grazie. Und doch gleichen sie dem Menschen gewissermaßen mehr als wir selber, und man vergißt fast, daß sie nicht Schöpfungen der Natur sind, sondern Schöpfungen Bernard Shaws. Diese graziösen Figürchen lassen Sie tanzen in einer kleinen Welt, vor der die Grazien Wache halten und kein Ressentiment hineinlassen. Wer in diese kleine Welt geblickt hat, sieht die Welt unserer Lebenswirklichkeit in einem neuen Licht; er sieht Ihre Figürchen in die wirklichen Menschen hineinschlüpfen, so daß diese auf einmal ganz anders aussehen als vorher. Indem Sie uns allen so den Spiegel vorhielten, wirkten Sie befreiend auf uns wie kaum ein anderer Zeitgenosse und nahmen dem Dasein etwas von seiner Erdenschwere. Dafür sind wir Ihnen alle freudig dankbar und ebenso dem Schicksal, daß es uns unter schweren Krankheiten auch den Seelenarzt und Befreier beschert hat. Ich persönlich danke Ihnen auch für die unvergeßlichen Worte, die Sie an meinen mythischen Namensbruder gerichtet haben, der mir das Leben so seltsam schwer macht, trotzdem er bei seiner ungelenken respektablen Größe doch im Grund ein harmloser Geselle ist.

Euch aber sage ich, daß Sein und Schicksal unseres Volkes weniger von äußeren Faktoren abhängen als davon, daß wir treu an denjenigen moralischen Traditionen festhalten, die uns Jahrtausende überstehen ließen, trotz der schweren Stürme, die über uns hereinbrachen. Im Dienst des Lebens wird das Opfer zur Gnade.

Antisemitismus und akademische Jugend

Solange wir im Getto lebten, brachte unsere Zugehörigkeit zum jüdischen Volke materielle Schwierigkeiten und manchmal physische Gefahr mit sich, aber keine sozialen und seelischen Probleme. Mit der Emanzipation änderte sich diese Sachlage, und zwar besonders für diejenigen Juden, die sich geistigen Berufen zuwandten.

Der junge Jude steht in Schule und Universität unter dem Einfluß einer von ihm hochgeachteten und bewunderten nationalgefärbten Gesellschaft, von der er seine geistige Nahrung empfängt, zu der er sich zugehörig fühlt und von der er sich gleichzeitig als Artfremder mit einer gewissen Geringschätzung und Abneigung behandelt sieht. Mehr unter dem suggestiven Einfluß dieser seelischen Übermacht als von utilitaristischen Rücksichten getrieben, kehrt er seinem Volk und dessen Traditionen den Rücken und betrachtet sich restlos als zu den andern gehörig, indem er vor sich und den andern vergebens zu verbergen sucht, daß dies Verhältnis kein gegenseitiges ist. So entsteht der bedauernswerte getaufte jüdische Geheimrat von gestern und heute.

Meist hat ihn nicht Charakterlosigkeit und Streberei zu dem gemacht, was er ist, sondern – wie gesagt – die suggestive Macht einer an Zahl und Einfluß überlegenen Umgebung. Wohl weiß er, daß viele und vortreffliche Söhne des jüdischen Volkes zu der Blüte von Europas Kultur erheblich beigetragen haben.

Aber haben sie es nicht mit wenigen Ausnahmen alle ungefähr so gemacht wie er?

Wie bei vielen seelischen Übeln liegt die Heilung auch hier in der klaren Erkenntnis seines Wesens und seiner Ursachen. Wir müssen uns unserer Artfremdheit klar bewußt sein und aus ihr die Konsequenzen ziehen. Es hat keinen Sinn, zu versuchen, die anderen von unserer seelischen und geistigen Ebenbürtigkeit durch Deduktionen überzeugen zu wollen; denn die Wurzel ihres Verhaltens sitzt nicht im Großhirn. Wir müssen uns vielmehr sozial emanzipieren, unsere gesellschaftlichen Bedürfnisse in der Hauptsache selbst befriedigen. Wir sollen unsere eigenen Studentengesellschaften haben und den Nichtjuden gegenüber höfliche, aber konsequente Zurückhaltung üben. Dabei wollen wir nach unserer eigenen Art leben und nicht Trink- und Pauksitten kopieren, die unserem Wesen fremd sind. Man kann ein Träger der Kultur Europas, ein guter Bürger eines Staates und zugleich ein treuer Jude sein. Sind wir dessen eingedenk und handeln wir danach, dann ist das Problem des Antisemitismus, soweit es gesellschaftlicher Natur ist, für uns gelöst.

Ansprachen über das palästinensische Aufbauwerk

1.

Als ich vor zehn Jahren die Freude hatte, für die Förderung des zionistischen Gedankens zum ersten Male zu Ihnen zu kommen, da war fast alles noch auf die Zukunft gestellt. Heute können wir mit Freude auf diese zehn Jahre zurückschauen; denn die vereinigten Kräfte des jüdischen Volkes haben in Palästina in diesen zehn Jahren ein schönes Werk erfolgreicher Aufbauarbeit geleistet, wohl mehr, als wir damals zu hoffen gewagt haben.

Wir haben auch die schwere Prüfung erfolgreich überstanden, welche uns die Ereignisse der letzten Jahre auferlegt haben. Unermüdliche Arbeit, die durch ein vornehmes Ziel getragen ist, führt langsam, aber sicher zum Erfolg. Die letzten Äußerungen der englischen Regierung bedeuten eine Rückkehr zu einer gerechteren Würdigung unserer Sache; dies erkennen wir dankbar an.

Aber wir dürfen nimmer vergessen, was diese Krise uns gelehrt hat: Die Herstellung einer befriedigenden Kooperation der Juden und Araber ist nicht Englands Problem, sondern unser Problem. Wir, das heißt die Juden und die Araber, müssen uns selbst einigen über die den Bedürfnissen beider Völker genügenden Richtlinien für ein ersprießliches Zusammenleben. Eine gerechte und beider Völker würdige Lösung dieser Aufgabe bedeutet für uns ein nicht minder wichtiges und schönes Ziel als die Förderung der Aufbauarbeit selbst. Denkt daran, daß die Schweiz eine höhere Stufe staatlicher Entwicklung repräsentiert als irgendein Nationalstaat, gerade wegen der größeren politischen Probleme, deren Lösung die stabile Konstitution eines aus mehreren nationalen Gruppen gebildeten Gemeinwesens zur Voraussetzung hat!

Vieles ist noch zu tun, aber eines von dem, was Herzl ersehnte, ist bereits in Erfüllung gegangen: die Arbeit an Palästina hat dem jüdischen Volk zu einer ungeahnten Solidarität verholfen und zu jenem Optimismus, dessen jeder Organismus zu einem gesunden Leben bedarf. Das sieht heute jeder, der nur sehen will.

Was wir für das gemeinsame Werk tun, das leisten wir nicht nur für unsere Brüder in Palästina, sondern für die Gesundheit und Würde des ganzen jüdischen Volkes.

2.

Wir sind heute versammelt, um der jahrtausendealten Gemeinschaft zu gedenken, ihres Schicksals und ihrer Probleme. Es ist eine Gemeinschaft moralischer Tradition, die in den Zeiten der Not stets ihre Stärke und Lebenskraft erwiesen hat. Aus ihr sind zu allen Zeiten Männer hervorgegangen, die das Gewissen der abendländischen Welt verkörpert haben, Verteidiger der Menschenwürde und Gerechtigkeit.

Solange uns selbst diese Gemeinschaft am Herzen liegt, wird sie zum Heil der Menschheit fortbestehen, trotzdem sie nicht eine geschlossene Organisation besitzt. Vor einigen Jahrzehnten haben einsichtsvolle Männer, unter denen besonders der unvergeßliche Herzl hervorragt, den Gedanken gefaßt, daß wir eines geistigen Zentrums bedürfen, um in den Zeiten der Bedrängnis das Gefühl der Solidarität aufrechtzuerhalten. So erwuchs der zionistische Gedanke und das Siedelungswerk in Palästina, dessen erfolgreiche Realisierung wir haben erleben dürfen, wenigstens in ihren vielversprechenden Anfängen.

Ich habe es mit Genugtuung und Freude erleben dürfen, daß dies Werk viel zur Gesundung des jüdischen Volkes beigetragen hat, das als Minorität unter den Nationen nicht nur äußeren Schwierigkeiten, sondern auch inneren, psychologisch begründeten Gefahren ausgesetzt ist.

Die Krise, welche das Aufbauwerk in den letzten Jahren zu bestehen hatte, lag schwer auf uns und ist auch jetzt noch nicht völlig überwunden. Doch zeigen die letzten Nachrichten, daß die Welt und im besonderen die englische Regierung die hohen Werte anzuerkennen gewillt ist, die sich in unserem Streben um das zionistische Ziel auswirken. Wir wollen in diesem Augenblick dankbar unseres Führers Weizmann gedenken, der mit so viel Hingabe und Umsicht der guten Sache zum Erfolg verhalf.

Das Schwere, das wir erlebten, hat auch wohltätige Folgen mit sich geführt. Es hat uns aufs neue gezeigt, wie stark das Schicksalsband ist, das die Juden aller Länder verbindet. Die Krise hat aber auch unsere Einstellung zum Palästinaproblem geläutert, von den Schlacken einer nationalistischen Auffassung befreit. Klar wurde ausgesprochen, daß unser Ziel nicht die Schaffung einer politischen Gemeinschaft ist, sondern daß unser Ziel der alten Tradition der Judenheit entsprechend ein kulturelles ist, im weitesten Sinne des Wortes. Hierzu gehört es, daß wir das Problem des Zusammenlebens mit dem Brudervolk der Araber in einer noblen, offenen und würdigen Weise lösen. Hier haben wir Gelegenheit, zu zeigen, was wir in den Jahrtausenden unserer schweren Vergangenheit gelernt haben. Wenn wir den rechten Weg gehen, werden wir Erfolg haben und den andern Völkern ein schönes Beispiel geben.

Was wir für Palästina tun, das tun wir für die Würde und Gesundung des ganzen jüdischen Volkes.

3.

Ich freue mich über die Gelegenheit, einige Worte an die den gemeinsamen Zielen der Judenheit treue Jugend dieses Landes zu richten. Laßt Euch nicht entmutigen durch die Schwierigkeiten, denen wir uns in Palästina gegenübergestellt sehen! Derartige Erlebnisse sind Prüfungen für den Lebenswillen unserer Gemeinschaft.

Es ist mit Recht an gewissen Maßnahmen und Äußerungen der englischen Verwaltung Kritik geübt worden. Damit aber dürfen wir uns nicht begnügen, sondern wir müssen aus den Ereignissen lernen.

Wir müssen unseren Beziehungen zum arabischen Volke große Aufmerksamkeit schenken. Durch die Pflege dieser Beziehungen werden wir imstande sein, zu verhindern, daß sich in Zukunft derart gefährliche Spannungen heranbilden, die zur Provokation feindlicher Akte mißbraucht werden können. Wir vermögen dieses Ziel sehr wohl zu erreichen, weil unser Aufbauwerk so geführt worden ist und geführt werden muß, daß es auch den tatsächlichen Interessen der arabischen Bevölkerung dient.

So werden wir erreichen können, daß wir nicht mehr so häufig in die für Araber und Juden gleich unerfreuliche Lage kommen, die Mandatarmacht als Schiedsrichter anzurufen. Auf diese Weise folgen wir nicht nur einem Gebot der Klugheit, sondern auch unseren Traditionen, die der jüdischen Gemeinschaft überhaupt erst ihren Sinn und Halt geben. Denn diese Gemeinschaft ist keine politische und soll nie eine solche werden, sondern sie ruht ausschließlich auf einer moralischen Tradition; nur aus dieser kann sie dauernd neue Kraft schöpfen, und nur auf dieser beruht ihre Daseinsberechtigung.

4.

Seit zweitausend Jahren bestand das gemeinsame Gut des jüdischen Volkes nur in seiner Vergangenheit. Gemeinsam war unserem über die Welt zerstreuten Volk nichts als die sorgsam gehütete Tradition. Wohl haben einzelne Juden große Kulturwerte geschaffen, aber zu großen Kollektivleistungen schien das jüdische Volk als Ganzes nicht mehr die Kraft zu haben.

Dies ist nun anders geworden. Die Geschichte hat uns eine große und edle Aufgabe zugewiesen in Gestalt der tätigen Mitarbeit am Aufbau Palästinas. Hervorragende Stammesgenossen arbeiten bereits mit allen Kräften an der Verwirklichung dieses Zieles. Es ist uns Gelegenheit dazu geboten, Kulturstätten zu errichten, die das ganze jüdische Volk als sein Werk betrachten kann. Wir hegen die Hoffnung, in Palästina eine Heimstätte eigener nationaler Kultur zu schaffen, die dazu beitragen soll, den nahen Orient zu neuem wirtschaftlichem und geistigem Leben zu wecken.

Das Ziel, das den Führern des Zionismus vorschwebt, ist kein politisches, sondern ein soziales und kulturelles. Das Gemeinwesen in Palästina soll sich dem sozialen Ideal unserer Vorfahren nähern, so wie es in der Bibel niedergelegt ist, und gleichzeitig eine Stätte modernen geistigen Lebens werden, ein geistiges Zentrum für die Juden der ganzen Welt. Dieser Auffassung entsprechend bildet die Errichtung einer jüdischen

Universität in Jerusalem eines der wichtigsten Ziele der zionistischen Organisation.

Ich bin in den letzten Monaten in Amerika gewesen, um dort die materielle Basis für diese Universität schaffen zu helfen. Der Erfolg dieser Bestrebung war ein natürlicher. Dank der unermüdlichen Tätigkeit und der hervorragenden Opferwilligkeit der jüdischen Ärzte in Amerika ist es uns gelungen, genügend Mittel für die Schaffung einer medizinischen Fakultät zusammenzubringen, und es wird mit den vorbereitenden Arbeiten zur Realisierung derselben sofort begonnen. Nach den bisherigen Erfolgen hege ich keine Zweifel, daß sich die materielle Basis für die übrigen Fakultäten in kurzer Zeit wird schaffen lassen. Die medizinische Fakultät soll zunächst im wesentlichen als Forschungsinstitut ausgebildet werden und im Dienst der für den Aufbau besonders wichtigen Sanierung des Landes tätig sein. Der Unterricht im größeren Stil wird erst später von Wichtigkeit werden. Da eine Reihe tüchtiger Forscher sich bereits gefunden hat, die einem Ruf an die Universität zu folgen bereit sind, erscheint die Errichtung einer medizinischen Fakultät als vollkommen gesichert. Ich bemerke noch, daß für die Universität ein besonderer Fonds gegründet worden ist, der vom allgemeinen Fonds für den Aufbau des Landes vollkommen getrennt ist. Für den letzteren sind in diesen Monaten dank der unermüdlichen Arbeit Professor Weizmanns und anderer zionistischer Führer in Amerika bedeutende Summen zusammengebracht worden, insbesondere vermöge der großen Opferwilligkeit des Mittelstandes. Ich schließe mit einem warmen Appell an die Juden Deutschlands, trotz der gegenwärtigen schweren wirtschaftlichen Situation nach besten Kräften für den Aufbau der jüdischen Heimstätte in Palästina beizutragen. Es handelt sich nicht um einen Akt der Wohltätigkeit, sondern um eine alle Juden angehende Unternehmung, deren Gelingen für alle eine Quelle edelster Befriedigung zu werden verspricht.

5.

Palästina ist für uns Juden keine bloße Wohltätigkeits- oder Kolonialangelegenheit, sondern ein Problem von zentraler Wichtigkeit für das jüdische Volk. Palästina ist in erster Linie nicht ein Refugium für Ostjuden, sondern die Verkörperung des wiedererwachenden nationalen Gemeinschaftsgefühls aller Juden. Ist es zeitgemäß und notwendig, dies Gemeinschaftsgefühl zu erwecken und zu stärken? Auf diese Frage glaube ich nicht nur aus einem spontanen Gefühl heraus, sondern aus Vernunftgründen mit einem unbedingten »Ja« antworten zu müssen.

Lassen Sie uns einen kurzen Blick werfen auf die Entwicklung der deutschen Juden in den letzten hundert Jahren! Vor einem Jahrhundert noch lebten unsere Vorfahren mit wenigen Ausnahmen im Getto. Sie waren arm und politisch entrechtet, von den Nichtjuden durch einen Wall von religiösen Traditionen, weltlichen Lebensformen und gesetzlichen Beschränkungen getrennt. In ihrer geistigen Entwicklung waren sie auf ihre eigene Literatur beschränkt. Sie wurden relativ nur schwach beeinflußt durch den gewaltigen Aufschwung, den das europäische Geistesleben seit der Renaissance erfahren hatte. Aber eines hatten diese wenig beachteten, bescheiden lebenden Menschen vor uns voraus: Jeder von ihnen gehörte mit allen Fasern seines Herzens einer Gemeinschaft an, in der er ganz aufging und in der er sich als vollwertiges Glied fühlte – einer Gemeinschaft, die nichts von ihm forderte, was seiner natürlichen Denkweise widerstrebte. Unsere damaligen Vorfahren waren geistig und körperlich ziemlich verkümmert, aber in sozialer Beziehung in einem beneidenswerten seelischen Gleichgewicht.

Dann kam die Emanzipation. Sie bot dem Individuum plötzlich ungeahnte Entwicklungsmöglichkeiten. Die einzelnen Individuen erlangten rasch Stellungen in höheren wirtschaftlichen und sozialen Schichten der Gesellschaft. Sie sogen gierig die herrlichen Errungenschaften in sich auf, die Kunst und Wissenschaft des Abendlandes geschaffen hatten. Sie beteiligten sich mit glühender Leidenschaft an dieser Entwicklung, indem sie selbst bleibende Werte schufen. Dabei nahmen sie die äußeren Daseinsformen der nichtjüdischen Welt an und wandten sich in steigendem Maß von ihren religiösen und sozialen Überlieferungen ab, indem sie nichtjüdische Sitten, Formen und Denkweisen annahmen. Es schien, als lösten sie sich restlos in den zahlenmäßig weit überlegenen, politisch und kulturell höher organisierten Wirtsvölkern auf, so daß nach einigen Generationen nichts Sichtbares von ihnen übriggeblieben wäre. Eine vollständige Auflösung des jüdischen Volkstums in Mittel- und Westeuropa schien unvermeidlich.

Es kam aber anders. Es scheint Instinkte rassenhaft verschiedener Nationalitäten zu geben, die einer Vermischung entgegenwirken. Die Anpassung der Juden an die europäischen Völker, unter denen sie leben, in Sprache, Sitte, ja zum Teil sogar in den religiösen Formen, konnte nicht jenes Fremdheitsgefühl auslöschen, das zwischen den Juden und ihren europäischen Wirtsvölkern besteht. Auf dieses spontane Gefühl der Fremdheit ist in letzter Instanz der Antisemitismus zurückzuführen. Dieser ist deshalb auch nicht durch wohlgemeinte Traktate aus der Welt zu schaffen. Die Nationalitäten wollen nicht vermischt sein, sondern ihren eigenen Weg gehen. Ein befriedigender Zustand ist nur dadurch herbeizuführen, daß sie sich gegenseitig dulden und achten.

Dazu gehört vor allem, daß wir Juden uns unserer Existenz als Nationalität wieder bewußt werden und daß wir diejenige Selbstachtung wieder erwerben, die wir zu einer gedeihlichen Existenz brauchen. Wir müssen wieder lernen, uns freudig zu unseren Vorfahren und zu unserer Geschichte zu bekennen, und wir müssen als Volk wieder Kulturaufgaben auf uns nehmen, die geeignet sind, unser Gemeinschaftsgefühl zu stärken.

Es genügt nicht, daß wir uns als Individuum an der kulturellen Entwicklung der Menschheit beteiligen, wir müssen auch solche Aufgaben in Angriff nehmen, die nur nationale Gesamtheiten zu lösen imstande sind. Nur so kann das Judentum wieder sozial gesunden.

Von diesem Standpunkt aus bitte ich Sie, die zionistische Bewegung anzusehen. Die Geschichte hat uns heute die Aufgabe zugewiesen, am wirtschaftlichen und kulturellen Aufbau unseres Stammlandes tätig mitzuwirken. Begeisterte und hochbegabte Männer haben die Arbeit vorbereitet, und viele vortreffliche Stammesgenossen sind bereit, sich ihr voll und ganz zu widmen. Möchte jeder von Ihnen die Wichtigkeit dieses Werkes voll würdigen und nach Kräften zu dessen Gelingen beitragen!

Arbeitendes Palästina

Unter den zionistischen Organisationen ist das »Arbeitende Palästina« jene, deren Wirken am unmittelbarsten der wertvollsten Schicht der dortigen Menschen zugute kommt, nämlich denjenigen, die mit ihrer Hände Werk Einöden in blühende Siedlungen verwandeln. Diese Arbeiter sind eine Auslese auf der Basis der Freiwilligkeit aus dem ganzen jüdischen Volk, eine Elite, die aus starken, bewußten und uneigennützigen Menschen besteht. Es sind nicht ungebildete Handarbeiter, die ihrer Hände Arbeit an den Meistbietenden verkaufen, sondern gebildete, geistig regsame, freie Menschen, deren friedlicher Kampf mit einer vernachlässigten Erde dem ganzen jüdischen Volk zugute kommt, teils direkt, teils indirekt. Ihr schweres Los nach Möglichkeit erleichtern, bedeutet Rettung wertvollster Menschenleben; denn das Ringen der ersten Siedler auf noch nicht saniertem Boden ist ein hartes, gefährliches Beginnen und ein schweres persönliches Opfer. Wie wahr dies ist, kann nur derjenige beurteilen, der es mit eigenen Augen gesehen hat. Wer dazu hilft, die Ausrüstung dieser Menschen zu verbessern, fördert das Werk an wirksamer Stelle.

Diese Arbeiterschicht ist es auch, die allein in der Lage ist, gesunde Beziehungen zum arabischen Volk zu schaffen, der wichtigsten politischen Aufgabe des Zionismus. Denn Verwaltungen kommen und gehen; die menschlichen Beziehungen aber geben im Völkerleben schließlich den Ausschlag. Deshalb bedeutet eine Stützung des »Arbeitenden Palästina« zugleich die Förderung einer menschlichen und würdigen Politik in Palästina, eine wirksame Bekämpfung jener engherzig nationalistischen Unterströmungen, an denen die politische Welt im allgemeinen, so auch in abgeschwächtem Maß die kleine politische Welt des Palästina-Werkes heute zu leiden hat.

Jüdische Gesundung

Ein Appell für »Keren Hajessod«

Die größten Feinde jüdischen Volksbewußtseins und jüdischer Würde sind fette Degeneration, d. h. aus Reichtum und Wohlleben hervorgegangene Gesinnungslosigkeit sowie eine Art innerer Abhängigkeit von der nichtjüdischen Umwelt, die aus der Lockerung der jüdischen Gemeinschaft erwächst. Das Beste im Menschen kann nur gedeihen, wenn er in einer Gemeinschaft aufgeht; wie groß ist also die moralische Gefährdung des jüdischen Menschen, der den Zusammenhang mit dem eigenen Volkskörper verloren hat und vom Wirtsvolk als Fremder angesehen wird! Oft genug ist schnöder, freudloser Egoismus aus solcher Situation erwachsen.

Besonders groß ist gegenwärtig der äußere Druck, der auf dem jüdischen Volk lastet. Aber gerade diese Not ist uns heilsam gewesen. Eine Erneuerung jüdischen Gemeinschaftslebens hat eingesetzt, von der sich die vorletzte Generation nichts hätte träumen lassen. Unter der Wirkung neu erwachten jüdischen Solidaritätsgefühls ist die von hingebenden und umsichtigen Führern unter unüberwindlich scheinenden Schwierigkeiten ins Werk gesetzte Kolonisation Palästinas bereits zu so schönen Erfolgen gediehen, daß ich nicht an einem dauernden Erfolg zweifle. Der Wert dieses Werkes für die Juden der ganzen Welt ist ein hoher. Palästina wird eine Kulturstätte für alle Juden sein, eine Zuflucht für die Bedrängtesten, ein Feld der Betätigung für die Besten unter uns, ein einigendes Ideal und ein Mittel der inneren Gesundung für die Juden der ganzen Welt.

Brief an einen Araber

15. März 1930

Ich habe mich sehr über Ihren Brief gefreut. Denn er beweist mir, daß auf Eurer Seite guter Wille vorhanden ist für eine unserer beider Völker würdige Lösung der obwaltenden Schwierigkeiten. Ich glaube, daß diese Schwierigkeiten mehr psychologischer als sachlicher Natur sind und daß sie gelöst werden können, wenn auf beiden Seiten ehrlicher, guter Wille mitgebracht wird.

Unsere jetzige Situation ist dadurch eine so ungünstige, weil Juden und Araber als streitende Parteien einander vor der Mandatarmacht gegenüberstehen. Dieser Zustand ist beider Nationen unwürdig und kann nur dadurch geändert werden, daß wir unter uns einen Weg finden zu Vorschlägen, auf die sich beide Parteien geeinigt haben.

Wie ich mir die Realisierung einer Änderung der bestehenden mißlichen Zustände denke, sage ich Ihnen nun, indem ich gleich zeitig hinzufüge, daß dies nur meine private Meinung ist, die ich mit niemand besprochen habe:

Es wird ein »Geheimer Rat« gebildet, zu dem die Juden und die Araber je vier Vertreter senden, die nicht von einer politischen Instanz abhängen dürfen.

Die Zusammensetzungen auf jeder Seite wären:

Ein Arzt, gewählt von der Ärzte-Gesellschaft.
Ein Jurist, gewählt von den Rechtsanwälten.
Ein Arbeitervertreter, gewählt von den Gewerkschaften.
Ein Geistlicher, gewählt von den Geistlichen.

Diese acht Leute kommen einmal wöchentlich zusammen. Sie verpflichten sich, nicht Interessenvertreter ihres Berufes und ihrer Nation sein zu wollen, sondern nach bestem Wissen und Gewissen das Gedeihen der ganzen Landesbevölkerung ins Auge zu fassen. Die Besprechungen sind geheim, und es darf über sie absolut nicht berichtet werden, auch nicht privatim.

Wenn ein Beschluß über irgend etwas zustande gekommen ist, dem mindestens drei Männer von jeder Seite zustimmen, so kann der Beschluß bekannt gegeben werden, aber nur im Namen des ganzen Rates. Ist einer nicht einverstanden, so kann er aus dem Rat austreten, aber er wird von der Pflicht der Geheimhaltung dadurch nicht entbunden. Wenn eine der genannten wählenden Gemeinschaften mit einer Resolution des Rates unzufrieden ist, so kann sie ihren Vertreter durch einen anderen ersetzen.

Wenn dieser » Geheime Rat« auch keine bestimmten Kompetenzen hat, so wird er doch dazu führen können, daß allmählich die Differenzen ausgeglichen werden und daß eine gemeinsame Vertretung der Landesinteressen gegenüber der Mandatarmacht entsteht, die über die Tagespolitik erhaben ist.

Über die Notwendigkeit des Zionismus

Brief an Staatsminister Prof. Dr. Hellpach

Ich habe Ihren Artikel über den Zionismus und die Tagung in Zürich gelesen und fühle das Bedürfnis, Ihnen, wenn auch nur kurz, zu antworten als einer, welcher der Idee des Zionismus sehr ergeben ist.

Die Juden sind eine Bluts- und Traditionsgemeinschaft, bei der die Religion keineswegs das einzige Bindende ist. Dies beweist schon die Haltung der übrigen Menschen gegen die Juden. Als ich vor fünfzehn Jahren nach Deutschland kam, entdeckte ich erst, daß ich Jude sei, und diese Entdeckung wurde mehr durch Nichtjuden als durch Juden vermittelt.

Die Tragik der Juden liegt darin, daß sie Menschen eines gewissen Entwicklungstypus sind, denen die Stütze einer sie verbindenden Gemeinschaft fehlt. Unsicherheit der Individuen, die sich bis zur moralischen Haltlosigkeit steigern kann, ist die Folge. Ich erkannte, daß eine Gesundung dieses Volkes nur möglich war dadurch, daß alle Juden der Erde zu einer lebendigen Gemeinschaft verbunden wurden, welcher der einzelne freudig angehört und die ihm den Haß und die Zurücksetzung erträglich macht, die er von anderer Seite überall zu erdulden hat.

Ich sah die würdelose Mimikry wertvoller Juden, daß mir das Herz bei diesem Anblick blutete. Ich sah, wie Schule, Witzblätter und unzählige kulturelle Faktoren der nichtjüdischen Mehrheit das Selbstgefühl auch der Besten meiner Stammesgenossen untergruben, und fühlte, daß es so nicht weitergehen dürfe.

Da erkannte ich, daß nur ein gemeinsames Werk, das allen Juden der Welt am Herzen läge, dies Volk gesunden lassen konnte. Es war eine große Tat von Herzl, daß er erkannte und mit aller Energie darauf hinwies, daß bei der vorhandenen traditionellen Einstellung der Juden die Errichtung einer Heimstätte oder – sachlich richtiger ausgedrückt – Zentralstelle in Palästina das Werk war, auf das man die Kräfte konzentrieren konnte.

Sie nennen das alles Nationalismus – und nicht ganz mit Unrecht. Aber ein Gemeinschaftsstreben, ohne das wir in dieser feindlichen Welt nicht leben und nicht sterben können, kann immer mit diesem häßlichen Namen bezeichnet werden. Jedenfalls ist ein Nationalismus, der nicht nach Macht, sondern nach Würde und Gesundung strebt. Wenn wir nicht unter intoleranten, engherzigen und gewalttätigen Menschen leben müßten, wäre ich der erste, der jeden Nationalismus zugunsten des universalen Menschentums verwerfen würde!

Der Vorwurf, daß wir Juden keine ordentlichen Staatsbürger z. B. des deutschen Staates sein könnten, wenn wir eine »Nation« sein wollen, entspricht einer Verkennung der Natur des Staates, der aus der Intoleranz der nationalen Mehrheit entspringt. Vor dieser Intoleranz werden wir nie geschützt sein, ob wir uns »Volk« bzw. »Nation« nennen oder nicht.

Dies habe ich alles, um kurz zu sein, so nackt und brutal hingestellt; aber ich kenne Sie aus Ihren Schriften als einen, der nicht auf die Form, sondern auf den Sinn achtet.

Aphorismen für Leo Baeck

Heil dem Manne, der stets helfend durchs Leben ging, keine Furcht kannte und dem jede Aggressivität und jedes Ressentiment fremd war! Von solchem Holz sind die Idealgestalten geschnitzt, die der Menschheit Trost bieten in den Situationen selbstgeschaffenen Leidens.

Dem Streben, Weisheit und Macht zu vereinigen, war nur selten und nur auf kurze Zeit Erfolg beschieden.

Der Mensch vermeidet es gewöhnlich, einem andern Klugheit zuzuschreiben – wenn es sich nicht etwa um einen Feind handelt.

Wenige sind imstande, von den Vorurteilen der Umgebung abweichende Meinung gelassen auszusprechen; die meisten sind sogar unfähig, überhaupt zu solchen Meinungen zu gelangen.

Die Majorität der Dummen ist unüberwindbar und für alle Zeiten gesichert. Der Schrecken ihrer Tyrannei ist indessen gemildert durch Mangel an Konsequenz.

Um ein tadelloses Mitglied einer Schafherde sein zu können, muß man vor allem ein Schaf sein.

Die Kontraste und Widersprüche, die dauernd in einer Hirnschale friedlich nebeneinander hausen können, werfen alle Systeme der politischen Optimisten und Pessimisten über den Haufen.

Wer es unternimmt, auf dem Gebiet der Wahrheit und der Erkenntnis als Autorität aufzutreten, scheitert am Gelächter der Götter.

Freude am Schauen und Begreifen ist die schönste Gabe der Natur.

V
Wissenschaftliche Beiträge

Prinzipien der Forschung

Rede zum 60. Geburtstag von Max Planck

Ein vielgestaltiger Bau ist er, der Tempel der Wissenschaft. Gar verschieden sind die darin wandelnden Menschen und die seelischen Kräfte, welche sie dem Tempel zugeführt haben. Gar mancher befaßt sich mit der Wissenschaft im freudigen Gefühl seiner überlegenen Geisteskraft; ihm ist die Wissenschaft der ihm gemäße Sport, der kraftvolles Erleben und Befriedigung des Ehrgeizes bringen soll; gar viele sind auch im Tempel zu finden, die nur um utilitaristischer Ziele willen hier ihr Opfer an Gehirnschmalz darbringen. Käme nun ein Engel Gottes und vertriebe alle die Menschen aus dem Tempel, die zu diesen beiden Kategorien gehören, so würde er bedenklich geleert, aber es blieben doch noch Männer aus der Jetzt- und Vorzeit im Tempel drinnen. Zu diesen gehört unser Planck, und darum lieben wir ihn.

Ich weiß wohl, daß wir da soeben viele wertvolle Männer leichten Herzens im Geiste vertrieben haben, die den Tempel der Wissenschaft zum großen, vielleicht zum größten Teil gebaut haben; bei vielen auch würde unserm Engel die Entscheidung ziemlich sauer werden. Aber eines scheint mir sicher: Gäbe es nur Menschen von der soeben vertriebenen Sorte, so hätte der Tempel nicht entstehen können, so wenig als ein Wald wachsen kann, der nur aus Schlingpflanzen besteht. Diesen Menschen genügt eigentlich jeder Tummelplatz menschlicher Tätigkeit; ob sie Ingenieure, Offiziere, Kaufleute oder Wissenschaftler werden, hängt von äußeren Umständen ab. Wenden wir aber unsere Blicke wieder denen zu, die vor dem Engel Gnade gefunden haben! Etwas sonderbare, verschlossene, einsame Kerle sind es zumindest, die einander trotz dieser Gemeinsamkeiten eigentlich weniger ähnlich sind als die aus der Schar Vertriebenen. Was hat sie in den Tempel geführt? Die Antwort ist nicht leicht zu geben und kann auch gewiß nicht einheitlich ausfallen. Zunächst glaube ich mit Schopenhauer, daß eines der stärksten Motive, die zur Kunst und Wissenschaft hinführen, eine Flucht ist aus dem Alltagsleben mit seiner schmerzlichen Rauheit und trostlosen Öde, fort aus den Fesseln der ewig wechselnden eigenen Wünsche. Es treibt den feiner Besaiteten aus dem persönlichen Dasein heraus in die Welt des objektiven Schauens und Verstehens; es ist dies Motiv mit der Sehnsucht vergleichbar, die den Städter aus seiner geräuschvollen, unübersichtlichen Umgebung nach der stillen Hochgebirgslandschaft unwiderstehlich hinzieht, wo der weite Blick durch die stille reine Luft gleitet und sich ruhigen Linien anschmiegt, die für die Ewigkeit geschaffen scheinen.

Zu diesem negativen Motiv aber gesellt sich ein positives. Der Mensch sucht in ihm irgendwie adäquaterweise ein vereinfachtes und übersichtliches Bild der Welt zu gestalten und so die Welt des Erlebens zu überwinden, indem er sie bis zu einem gewissen Grad durch dies Bild zu ersetzen strebt. Dies tut der Maler, der Dichter, der spekulative Philosoph und der Naturforscher, jeder in seiner Weise. In dieses Bild und seine Gestaltung verlegt er den Schwerpunkt seines Gefühlslebens, um so Ruhe und Festigkeit zu suchen, die er im allzu engen Kreis des wirbelnden und persönlichen Erlebens nicht finden kann.

Was für eine Stellung nimmt das Weltbild des theoretischen Physikers unter all diesen möglichen Bildern der Welt ein? Es stellt die höchsten Anforderungen an die Straffheit und Exaktheit der Darstellung der Zusammenhänge, wie sie nur die Benutzung der mathematischen Sprache verleiht. Aber dafür muß sich der Physiker stofflich um so mehr bescheiden, indem er sich damit begnügen muß, die allereinfachsten Vorgänge abzubilden, die unserm Erleben zugänglich gemacht werden können, während alle komplexeren Vorgänge nicht mit jener subtilen Genauigkeit und Konsequenz, wie sie der theoretische Physiker fordert, durch den menschlichen Geist nachkonstruiert werden können. Höchste Reinheit, Klarheit und Sicherheit auf Kosten der Vollständigkeit. Was kann es aber für einen Reiz haben, einen so kleinen Ausschnitt der Natur genau zu erfassen, alles Feinere und Komplexere aber scheu und mutlos beiseite zu lassen? Verdient das Ergebnis einer so resignierten Bemühung den stolzen Namen »Weltbild«?

Ich glaube, der stolze Name ist wohlverdient, denn die allgemeinen Gesetze, auf die das Gedankengebäude der theoretischen Physik gegründet ist, erheben den Anspruch, für jedes Naturgeschehen gültig zu sein. Auf ihnen sollte sich auf dem Wege reiner gedanklicher Deduktion die Abbildung, d.h. die Theorie eines jeden Naturprozesses einschließlich der Lebensvorgänge finden lassen, wenn jener Prozeß der Deduktion nicht weit über die Leistungsfähigkeit menschlichen Denkens hinausginge. Der Verzicht des physikalischen Weltbildes auf Vollständigkeit ist also kein prinzipieller.

Höchste Aufgabe der Physiker ist also das Aufsuchen jener allgemeinsten elementaren Gesetze, aus denen durch reine Deduktion das Weltbild zu gewinnen ist. Zu diesen elementaren Gesetzen führt kein logischer Weg, sondern nur die auf Einfühlung in die Erfahrung sich stützende Intuition. Bei dieser Unsicherheit der Methodik könnte man denken, daß beliebig viele, an sich gleichberechtigte Systeme der theoretischen Physik möglich wären; diese Meinung ist auch prinzipiell gewiß zutreffend. Aber die Entwicklung hat gezeigt, daß von allen denkbaren Konstruktionen eine einzige jeweilen sich als unbedingt überlegen über alle anderen erwies. Keiner, der sich in den Gegenstand wirklich vertieft hat, wird leugnen, daß die Welt der Wahrnehmungen das theoretische System praktisch eindeutig bestimmt, trotzdem kein logischer Weg von den Wahrnehmungen zu den Grundsätzen der Theorie führt. Dies ist es, was Leibniz so glücklich als »prästabilierte Harmonie« bezeichnete. Diesen Umstand nicht genügend zu würdigen, wird von den Physikern manchem Erkenntnistheoretiker zum schweren Vorwurf gemacht. Hierin scheinen mir auch die Wurzeln der vor einigen Jahren zwischen Mach und Planck geführten Polemik zu liegen.

Die Sehnsucht nach dem Schauen jener prästabilierten Harmonie ist die Quelle der unerschöpflichen Ausdauer und Geduld, mit der wir Planck den allgemeinsten Problemen unserer Wissenschaft sich hingeben sehen, ohne sich durch dankbarere und leichter erreichbare Ziele ablenken zu lassen. Ich habe oft gehört, daß Fachgenossen dies Verhalten auf außergewöhnliche Willenskraft und Disziplin zurückführen wollten; wie ich glaube ganz mit Unrecht. Der Gefühlszustand, der zu solchen Leistungen befähigt, ist dem des Religiösen oder Verliebten ähnlich; das tägliche Streben entspringt keinem Vorsatz oder Programm, sondern einem unmittelbaren Bedürfnis.

Hier sitzt er, unser lieber Planck, und lächelt innerlich über dies mein kindliches Hantieren mit der Laterne des Diogenes. Unsere Sympathie für ihn bedarf keiner fadenscheinigen Begründung. Möge die Liebe zur Wissenschaft auch in Zukunft seinen Lebensweg verschönern und ihn zu der Lösung des von ihm selbst gestellten, mächtig geförderten wichtigsten physikalischen Problems der Gegenwart führen! Möge es ihm gelingen, die Quantentheorie mit der Elektrodynamik und Mechanik zu einem logisch einheitlichen System zu vereinigen.

Prinzipien der theoretischen Physik

Antrittsrede vor der Preußischen Akademie der Wissenschaften

Hochgeehrte Kollegen!

Nehmen Sie zuerst meinen tiefgefühlten Dank dafür entgegen, daß Sie mir die größte Wohltat erwiesen haben, die einem Menschen meiner Art erwiesen werden kann. Sie haben es mir durch die Berufung an Ihre Akademie ermöglicht, mich frei von den Aufregungen und Sorgen eines praktischen Berufes ganz den wissenschaftlichen Studien zu widmen. Ich bitte Sie, von meinem Gefühl der Dankbarkeit und von der Emsigkeit meines Strebens auch dann überzeugt zu sein, wenn Ihnen die Früchte meiner Bemühungen als ärmliche erscheinen werden.

Gestatten Sie mir im Anschluß hieran einige allgemeine Bemerkungen über die Stellung, die mein Arbeitsgebiet, die theoretische Physik, der experimentellen Physik gegenüber einnimmt. Ein befreundeter Mathematiker sagte mir neulich halb scherzhaft: »Der Mathematiker kann schon etwas, aber freilich gerade dasjenige nicht, was man jeweilen von ihm haben will.« Ganz ähnlich verhält es sich oft mit dem theoretischen Physiker, der vom Experimentalphysiker zu Rate gezogen wird. Woher rührt dieser eigentümliche Mangel an Anpassungsfähigkeit?

Die Methode des Theoretikers bringt es mit sich, daß er als Fundament allgemeine Voraussetzungen, sogenannte Prinzipe, braucht, aus denen er Folgerungen deduzieren kann. Seine Tätigkeit zerfällt also in zwei Teile. Er hat erstens jene Prinzipe aufzusuchen, zweitens die aus den Prinzipien fließenden Folgerungen zu entwickeln. Für die Erfüllung der zweiten Aufgabe erhält er auf der Schule ein treffliches Rüstzeug. Wenn also die erste seiner Aufgaben auf einem Gebiet bzw. für einen Komplex von Zusammenhängen bereits gelöst ist, wird ihm bei hinreichendem Fleiß und Verstand der Erfolg nicht fehlen. Die erste der genannten Aufgaben, nämlich jene, die Prinzipe aufzustellen, die der Deduktion als Basis dienen sollen, ist von ganz anderer Art. Hier gibt es keine erlernbare, systematisch anwendbare Methode, die zum Ziele führt. Der Forscher muß vielmehr der Natur jene allgemeinen Prinzipe gleichsam ablauschen, indem er an größeren Komplexen von Erfahrungstatsachen gewisse allgemeine Ziele erschaut, die sich scharf formulieren lassen.

Ist diese Formulierung einmal gelungen, so setzt eine Entwicklung der Folgerungen ein, die oft ungeahnte Zusammenhänge liefert, welche über das Tatsachengebiet, an dem die Prinzipe gewonnen sind, weit hinausreichen. Solange aber die Prinzipe, die der Deduktion als Basis dienen können, nicht gefunden sind, nützt dem Theoretiker die einzelne Erfahrungstatsache zunächst nichts; ja, er vermag dann nicht einmal mit einzelnen empirisch ermittelten allgemeineren Gesetzmäßigkeiten etwas anzufangen. Er muß vielmehr im Zustand der Hilflosigkeit den einzelnen Resultaten der empirischen Forschung gegenüber verharren, bis sich ihm Prinzipe erschlossen haben, die er zur Basis deduktiver Entwicklungen machen kann.

In einer derartigen Lage befindet sich die Theorie gegenwärtig gegenüber den Gesetzen der Wärmestrahlung und Molekularbewegung bei tiefen Temperaturen. Vor etwa fünfzehn Jahren zweifelte man noch nicht daran, daß auf der Grundlage der auf die Molekülbewegungen angewendeten Galilei-Newtonschen Mechanik sowie der Maxwellschen Theorie des elektromagnetischen Feldes eine richtige Darstellung der elektrischen, optischen und thermischen Eigenschaften der Körper möglich sei. Da zeigte Planck, daß man zur Aufstellung eines mit der Erfahrung übereinstimmenden Gesetzes der Wärmestrahlung sich einer Methode des Rechnens bedienen muß, deren Unvereinbarkeit mit den Prinzipien der klassischen Mechanik immer deutlicher wurde. Mit dieser Rechenmethode führte Planck nämlich die sogenannte Quantenhypothese in die Physik ein, die seitdem glänzende Bestätigungen erfahren hat. Mit dieser Quantenhypothese stürzte er die klassische Mechanik für den Fall, daß genügend kleine Massen mit hinreichend kleinen Geschwindigkeiten und genügend großen Beschleunigungen bewegt sind, so daß wir heute die von Galilei und Newton aufgestellten Bewegungsgesetze nur mehr als Grenzgesetze gelten lassen können. Aber trotz emsigster Bemühungen der Theoretiker gelang es bisher nicht, die Prinzipe der Mechanik durch solche zu ersetzen, welche Plancks Gesetz der Wärmestrahlung bzw. der Quantenhypothese entsprechen. So unzweifelhaft auch erwiesen ist, daß wir die Wärme auf Molekularbewegung zurückzuführen haben, so müssen wir heute doch gestehen, daß wir den Grundgesetzen dieser Bewegung ähnlich gegenüberstehen wie die Astronomen vor Newton den Bewegungen der Planeten.

Ich habe soeben auf einen Tatsachenkomplex hingewiesen, für dessen theoretische Behandlung die Prinzipe fehlen. Es kann aber ebensogut der Fall eintreten, daß klar formulierte Prinzipe zu Konsequenzen führen, die ganz oder fast ganz aus dem Rahmen des gegenwärtig unserer Erfahrung zugänglichen Tatsachenbereiches herausfallen. In diesem Fall kann es langjähriger empirischer Forschungsarbeit bedürfen, um zu erfahren, ob die Prinzipe der Theorie der Wirklichkeit entsprechen. Dieser Fall bietet sich uns dar bei der Relativitätstheorie.

Eine Analyse der zeitlichen und räumlichen Grundbegriffe hat uns gezeigt, daß der aus der Optik bewegter Körper sich ergebende Satz von der Konstanz der Vakuum-Lichtgeschwindigkeit uns keineswegs zur Theorie eines ruhenden Lichtäthers zwingt. Es ließ sich vielmehr eine allgemeine Theorie aufstellen, die dem Umstande Rechnung trägt, daß wir von der Translationsbewegung der Erde bei auf der Erde ausgeführten Versuchen niemals etwas merken. Dabei wird vom Relativitätsprinzip Gebrauch gemacht, das lautet: Die Naturgesetze ändern ihre Form nicht, wenn man von dem ursprünglichen (berechtigten) Koordinatensystem zu einem neuen, relativ zu ihm in gleichförmiger Translationsbewegung begriffenen übergeht. Diese Theorie hat nennenswerte Bestätigungen durch die Erfahrung erhalten und hat zu einer Vereinfachung der theoretischen Darstellung bereits in Zusammenhang gebrachter Tatsachenkomplexe geführt.

Andererseits aber gewährt diese Theorie vom theoretischen Gesichtspunkt aus nicht die volle Befriedigung, weil das vorhin formulierte Relativitätsprinzip, die gleichförmige Bewegung bevorzugt. Wenn es nämlich wahr ist, daß der gleichförmigen Bewegung vom physikalischen Standpunkt aus eine absolute Bedeutung nicht vorgeschrieben werden darf, so liegt die Frage auf der Hand, ob diese Aussage nicht auch auf ungleichförmige Bewegungen auszudehnen sei? Es zeigt sich, daß man zu einer ganz bestimmten Erweiterung der Relativitätstheorie gelangt, wenn man ein Relativitätsprinzip in diesem erweiterten Sinne zugrunde legt. Man wird dabei zu einer allgemeinen, die Dynamik einschließenden Theorie der Gravitation geführt. Es fehlt aber vorläufig das Tatsachenmaterial, an dem wir die Berechtigung der Einführung des zugrunde gelegten Prinzips prüfen könnten.

Wir haben festgestellt, daß die induktive Physik an die deduktive und die deduktive Physik an die induktive Fragen stellt, deren Beantwortung die Anspannung aller Kräfte erfordert. Möge es bald gelingen, durch vereinte Arbeit zu endgültigen Fortschritten vorzudringen!

Zur Methodik der theoretischen Physik

Wenn ihr von den theoretischen Physikern etwas lernen wollt über die von ihnen benutzten Methoden, so schlage ich euch vor, am Grundsatz festzuhalten: Höret nicht auf ihre Worte, sondern haltet euch an ihre Taten! Wer da nämlich erfindet, dem erscheinen die Erzeugnisse seiner Phantasie so notwendig und naturgegeben, daß er sie nicht für Gebilde des Denkens, sondern für gegebene Realitäten ansieht und angesehen wissen möchte.

Diese Worte scheinen dazu angetan, euch zum Verlassen dieses Vortrages zu veranlassen. Denn ihr werdet euch sagen: der da ist selbst ein konstruierender Physiker und sollte demnach das Nachdenken über die Struktur der theoretischen Wissenschaft den Erkenntnistheoretikern überlassen.

Gegen solchen Einwand kann ich mich vom persönlichen Standpunkt verteidigen durch die Versicherung, daß ich nicht aus eigenem Antrieb, sondern auf freundliche Einladung hin auf diese Kanzel gestiegen bin, die dem Andenken eines Menschen dient, der sein Leben lang nach Einheit des Erkennens gerungen hat. Sachlich aber mag mein Bemühen dadurch gerechtfertigt sein, daß es doch interessant sein kann, wie einer über seine Wissenschaft denkt, der ein Lebensalter lang nach Klärung und Verbesserung ihrer Grundlagen mit all seinen Kräften gestrebt hat. Die Art, wie er die Vergangenheit und die Gegenwart seines Gebietes ansieht, mag zu stark davon abhängen, was er von der Zukunft erwartet und was er in der Gegenwart erstrebt; aber dies wird das Schicksal eines jeden sein, der sich intensiv in eine Welt von Ideen hineingelebt hat. Es geht ihm wie dem Historiker, der doch ebenfalls das tatsächliche Geschehen – wenn auch vielleicht unbewußt – um Ideale gruppiert, die er sich bezüglich der menschlichen Gesellschaft gebildet hat.

Wir wollen hier einen flüchtigen Blick auf die Entwicklung des theoretischen Systems werfen und dabei unser Hauptaugenmerk auf die Beziehung des theoretischen Inhaltes zur Gesamtheit der Erfahrungstatsachen richten. Es handelt sich um den ewigen Gegensatz der beiden unzertrennlichen Komponenten unseres Wissens, Empirie und Ratio, auf unserem Gebiet.

Wir verehren in dem alten Griechenland die Wiege der abendländischen Wissenschaft. Hier wurde zum erstenmal das Gedankenwunder eines logischen Systems geschaffen, dessen Aussagen mit solcher Schärfe auseinander hervorgingen, daß jeder der bewiesenen Sätze jeglichem Zweifel entrückt war – Euklids Geometrie. Dies bewundernswürdige Werk der Ratio hat dem Menschengeist das Selbstvertrauen für seine späteren Taten gegeben. Wen dies Werk in seiner Jugend nicht zu begeistern vermag, der ist nicht zum theoretischen Forscher geboren.

Um aber für eine die Wirklichkeit umspannende Wissenschaft reif zu sein, bedurfte es einer zweiten Grunderkenntnis, die bis zu Kepler und Galilei nicht Gemeingut der Philosophen geworden war. Durch bloßes logisches Denken vermögen wir keinerlei Wissen über die Erfahrungswelt zu erlangen; alles Wissen über die Wirklichkeit geht von der Erfahrung aus und mündet in ihr. Rein logisch gewonnene Sätze sind mit Rücksicht auf das Reale völlig leer. Durch diese Erkenntnis und insbesondere dadurch, daß er sie der wissenschaftlichen Welt einhämmerte, ist Galilei der Vater der modernen Physik, ja, der modernen Naturwissenschaft überhaupt geworden.

Wenn nun aber Erfahrung Anfang und Ende all unseres Wissens um die Wirklichkeit ist, welches ist dann die Rolle der Ratio in der Wissenschaft?

Ein fertiges System der theoretischen Physik besteht aus Begriffen, Grundgesetzen, die für jene Begriffe gelten sollen, und aus durch logische Deduktion abzuleitenden Folgesätzen. Diese Folgesätze sind es, denen unsere Einzelerfahrungen entsprechen sollen; ihre logische Ableitung nimmt in einem theoretischen Buch beinahe alle Druckseiten in Anspruch.

Dies ist eigentlich genau wie in der euklidischen Geometrie, nur daß die Grundgesetze dort Axiome heißen und man dort nicht davon spricht, daß die Folgesätze irgendwelchen Erfahrungen entsprechen sollen. Wenn man aber die euklidische Geometrie als die Lehre von den Möglichkeiten der gegenseitigen Lagerung praktisch starrer Körper auffaßt, sie also als physikalische Wissenschaft interpretiert und nicht von ihrem ursprünglichen empirischen Gehalt absieht, so ist die logische Gleichartigkeit der Geometrie und theoretischen Physik eine vollständige.

Wir haben nun der Ratio und der Erfahrung ihren Platz im System einer theoretischen Physik zugewiesen. Die Ratio gibt den Aufbau des Systems; die Erfahrungsinhalte und ihre gegenseitigen Beziehungen sollen durch die Folgesätze der Theorie ihre Darstellung finden. In der Möglichkeit einer solchen Darstellung allein liegt der Wert und die Berechtigung des ganzen Systems und im besonderen auch der ihm zugrunde liegenden Begriffe und Grundgesetze. Im übrigen sind letztere freie Erfindungen des menschlichen Geistes, die sich weder durch die Natur des menschlichen Geistes noch sonst in irgendeiner Weise a priori rechtfertigen lassen.

Die logisch nicht weiter reduzierbaren Grundbegriffe und Grundgesetze bilden den unvermeidlichen, rational nicht erfaßbaren Teil der Theorie. Vornehmstes Ziel aller Theorie ist es, jene irreduzibeln Grundelemente so einfach und so wenig zahlreich als möglich zu machen, ohne auf die zutreffende Darstellung irgendwelcher Erfahrungsinhalte verzichten zu müssen.

Die hier skizzierte Auffassung vom rein fiktiven Charakter der Grundlagen der Theorie war im 18. und 19. Jahrhundert noch durchaus nicht die herrschende. Sie gewinnt aber immer mehr dadurch an Boden, daß der gedankliche Abstand zwischen den grundlegenden Begriffen und Grundgesetzen einerseits und den mit unseren Erfahrungen in Beziehung zu setzenden Konsequenzen andererseits immer mehr zunimmt, je mehr sich der logische Bau vereinheitlicht, d. h. auf je weniger logisch voneinander unabhängige begriffliche Elemente man den ganzen Bau zu stützen vermag. Newton, der erste Schöpfer eines umfassenden, leistungsfähigen Systems der theoretischen Physik, glaubte noch daran, daß die Grundbegriffe und Grundgesetze seines Systems aus der Erfahrung abzuleiten seien. Sein Wort »hypotheses non fingo« ist wohl in diesem Sinne zu interpretieren.

In der Tat schien damals den Begriffen Raum und Zeit nichts Problematisches anzuhaften. Die Begriffe Masse, Trägheit und Kraft und ihr gesetzlicher Zusammenhang schienen der Erfahrung unmittelbar entlehnt zu sein. Ist aber diese Basis einmal angenommen, so erscheint der Ausdruck für die Gravitationskraft aus der Erfahrung ableitbar, und es durfte das entsprechende für die anderen Kräfte erwartet werden.

Wir sehen allerdings aus Newtons Formulierung, daß ihm der Begriff des absoluten Rahmens, der den der absoluten Ruhe in sich schloß, Unbehagen bereitete. Er war sich des Umstandes bewußt, daß diesem letzteren Begriff in der Erfahrung nichts zu entsprechen schien. Er fühlte auch ein Unbehagen bei der Einführung der Fernkräfte. Aber der ungeheure praktische Erfolg seiner Lehre mag ihn und die Physiker des 18. und 19. Jahrhunderts verhindert haben, den fiktiven Charakter der Grundlagen seines Systems zu erkennen.

Die Naturforscher jener Zeiten waren vielmehr zumeist vom Gedanken durchdrungen, daß die Grundbegriffe und Grundgesetze der Physik nicht im logischen Sinne freie Erfindungen des menschlichen Geistes seien, sondern daß dieselben aus den Experimenten durch »Abstraktion« – d. h. auf einem logischen Weg – abgeleitet werden könnten. Die klare Erkenntnis von der Unrichtigkeit dieser Auffassung brachte eigentlich erst die allgemeine Relativitätstheorie; denn diese zeigte, daß man mit einem von dem Newtonschen weitgehend abweichenden Fundament dem einschlägigen Kreis von Erfahrungstatsachen sogar in befriedigenderer und vollkommenerer Weise gerecht werden konnte, als es mit Newtons Fundament möglich war. Aber ganz abgesehen von der Frage der Überlegenheit wird der fiktive Charakter der Grundlagen dadurch völlig evident, daß zwei wesentlich verschiedene Grundlagen aufgezeigt werden können, die mit der Erfahrung weitgehend übereinstimmen. Es wird dadurch jedenfalls bewiesen, daß jeder Versuch einer logischen Ableitung der Grundbegriffe und Grundgesetze der Mechanik aus elementaren Erfahrungen zum Scheitern verurteilt ist.

Wenn es nun wahr ist, daß die axiomatische Grundlage der theoretischen Physik nicht aus der Erfahrung erschlossen, sondern frei erfunden werden muß, dürfen wir dann überhaupt hoffen, den richtigen Weg zu finden? Noch mehr: Existiert dieser richtige Weg nicht nur in unserer Illusion? Dürfen wir denn hoffen, von der Erfahrung sicher geleitet zu werden, wenn es Theorien gibt wie die klassische Mechanik, die der Erfahrung weitgehend gerecht werden, ohne die Sache in der Tiefe zu erfassen? Hierauf antworte ich mit aller Zuversicht, daß es den richtigen Weg nach meiner Meinung gibt und daß wir ihn auch zu finden vermögen. Nach unserer bisherigen Erfahrung sind wir nämlich zum Vertrauen berechtigt, daß die Natur die Realisierung des mathematisch denkbar Einfachsten ist. Durch rein mathematische Konstruktion vermögen wir nach meiner Überzeugung diejenigen Begriffe und diejenige gesetzliche Verknüpfung zwischen ihnen zu finden, die den Schlüssel für das Verstehen der Naturerscheinungen liefern. Die brauchbaren mathematischen Begriffe können durch Erfahrung wohl nahegelegt, aber keinesfalls aus ihr abgeleitet werden. Erfahrung bleibt natürlich das einzige Kriterium der Brauchbarkeit einer mathematischen Konstruktion für die Physik. Das eigentlich schöpferische Prinzip liegt aber in der Mathematik. In einem gewissen Sinn halte ich es also für wahr, daß dem reinen Denken das Erfassen des Wirklichen möglich sei, wie es die Alten geträumt haben.

Um dieses Vertrauen zu rechtfertigen, muß ich mich notwendig mathematischer Begriffe bedienen. Die physikalische Welt wird dargestellt durch ein vierdimensionales Kontinuum. Nehme ich in diesem eine Riemannsche Metrik an und frage nach den einfachsten Gesetzen, denen eine solche Metrik genügen kann, so gelange ich zu der relativistischen Gravitationstheorie des leeren Raumes. Nehme ich in diesem Raume ein Vektorfeld beziehungsweise das aus demselben abzuleitende antisymmetrische Tensorfeld und frage nach den einfachsten Gesetzen, denen ein solches Feld genügen kann, so komme ich auf die Maxwellschen Gleichungen des leeren Raumes.

Ist man soweit, so fehlt noch eine Theorie für solche Raumteile, in denen die elektrische Dichte nicht verschwindet. Louis de Broglie erriet die Existenz eines Wellenfeldes, das zur Deutung von gewissen Quanteneigenschaften der Materie verwendbar war. Dirac fand in den Spinoren neuartige Feldgrößen, deren einfachste Gleichungen die Eigenschaften des Elektrons weitgehend abzuleiten gestatten. Ich fand nun mit meinem Mitarbeiter, Dr. Walter Mayer, daß diese Spinoren einen Spezialfall einer neuartigen, mathematisch mit dem Vierdimensionalen verknüpften Feldart bilden, die wir als »Semivektoren« bezeichneten. Die einfachsten Gleichungen, welchen solche Semivektoren unterworfen werden können, geben einen Schlüssel für das Verständnis der Existenz von zweierlei Elementarteilchen verschiedener ponderabler Masse und gleicher, aber entgegengesetzter Ladung. Diese Semivektoren sind nach den gewöhnlichen Vektoren die einfachsten mathematischen Feldgebilde, die in einem metrischen Kontinuum von vier Dimensionen möglich sind, und es scheint, daß sie zwanglos wesentliche Eigenschaften der elektrischen Elementarteilchen beschreiben.

Wesentlich für unsere Betrachtung ist, daß all diese Bildungen und deren gesetzliche Verknüpfungen sich nach dem Prinzip des Aufsuchens der mathematisch einfachsten Begriffe und deren Verknüpfungen gewinnen lassen. In der Beschränktheit der mathematisch existierenden einfachen Feldarten und einfachen Gleichungen, die zwischen ihnen möglich sind, liegt die Hoffnung des Theoretikers begründet, das Wirkliche in seiner Tiefe zu erfassen.

Der schwierigste Punkt für eine derartige Feldtheorie liegt einstweilen im Begreifen der atomistischen Struktur der Materie und der Energie. Die Theorie ist nämlich in ihrer Grundlage insofern nicht atomistisch, als sie ausschließlich mit kontinuierlichen Funktionen des Raumes operiert im Gegensatz zur klassischen Mechanik, deren wichtigstes Element, der materielle Punkt, bereits der atomistischen Struktur der Materie gerecht wird.

Die moderne Quantentheorie in der durch die Namen de Broglie, Schrödinger, Dirac gekennzeichneten Form, die ja mit kontinuierlichen Funktionen operiert, hat diese Schwierigkeit durch eine kühne Interpretation überwunden, die zuerst von Max Born in klarer Form gegeben wurde: die in den Gleichungen auftretenden Raumfunktionen erheben nicht den Anspruch darauf, ein mathematisches Modell der atomistischen Gebilde zu sein. Jene Funktionen sollen nur die Wahrscheinlichkeiten dafür rechnerisch bestimmen, derartige Gebilde im Fall einer Messung an einem gewissen Ort bzw. in einem gewissen Bewegungszustand vorzufinden. Diese Auffassung ist logisch einwandfrei und hat bedeutende Erfolge aufzuweisen. Sie zwingt aber leider dazu, ein Kontinuum zu benutzen, dessen Dimensionszahl nicht die des Raumes der bisherigen Physik (nämlich vier) ist, sondern mit der Zahl der das betrachtete

System konstituierenden Partikeln unbegrenzt ansteigt. Ich kann nicht umhin, zu bekennen, daß ich dieser Interpretation nur eine vorübergehende Bedeutung beimesse. Ich glaube noch an die Möglichkeit eines Modells der Wirklichkeit, d. h. einer Theorie, die die Dinge selbst und nicht nur die Wahrscheinlichkeit ihres Auftretens darstellt.

Daß wir den Gedanken an eine vollständige Lokalisierung der Teilchen in einem theoretischen Modell aufzugeben haben, scheint mir andererseits sicher. Dies scheint mir das bleibende Ergebnis der Heisenbergschen Unbestimmtheitsrelation zu sein. Es kann aber sehr wohl eine im eigentlichen Sinne (nicht nur auf Grund einer Interpretation) atomistische Theorie ohne Lokalisierung von Teilchen im mathematischen Modell gedacht werden. Um z. B. dem atomistischen Charakter der Elektrizität gerecht zu werden, brauchen die Feldgleichungen nur zur folgenden Konsequenz zu führen: Ein dreidimensionaler Raumteil, an dessen Begrenzung die elektrische Dichte überall verschwindet, enthält stets eine elektrische Gesamtladung von ganzzahligem Betrag. In einer Kontinuumtheorie würde sich also der atomistische Charakter der Integralsätze befriedigend äußern können, ohne Lokalisierung der die atomistische Struktur ausmachenden Gebilde. Erst wenn eine solche Darstellung der atomistischen Struktur gelungen wäre, würde ich das Quantenrätsel für gelöst halten.

Geometrie und Erfahrung

Die Mathematik genießt vor allen anderen Wissenschaften aus einem Grunde ein besonderes Ansehen: ihre Sätze sind absolut sicher und unbestreitbar, während die aller anderen Wissenschaften bis zu einem gewissen Grad umstritten und stets in Gefahr sind, durch neuentdeckte Tatsachen umgestoßen zu werden. Trotzdem brauchte der auf einem anderen Gebiet Forschende den Mathematiker noch nicht zu beneiden, wenn sich seine Sätze nicht auf Gegenstände der Wirklichkeit, sondern nur auf solche unserer bloßen Einbildung bezögen. Denn es kann nicht wundernehmen, daß man zu übereinstimmenden logischen Folgerungen kommt, wenn man sich über die fundamentalen Sätze (Axiome) sowie über die Methoden geeinigt hat, mittels welcher aus diesen fundamentalen Sätzen andere Sätze abgeleitet werden sollen. Aber jenes große Ansehen der Mathematik ruht andererseits darauf, daß die Mathematik es auch ist, die den exakten Naturwissenschaften ein gewisses Maß von Sicherheit gibt, das sie ohne Mathematik nicht erreichen könnten.

An dieser Stelle nun taucht ein Rätsel auf, das Forscher aller Zeiten so viel beunruhigt hat. Wie ist es möglich, daß die Mathematik, die doch ein von aller Erfahrung unabhängiges Produkt des menschlichen Denkens ist, auf die Gegenstände der Wirklichkeit so vortrefflich paßt. Kann dann die menschliche Vernunft ohne Erfahrung durch bloßes Denken Eigenschaften der wirklichen Dinge ergründen?

Hierauf ist nach meiner Ansicht kurz zu antworten: Insofern sich die Sätze der Mathematik auf die Wirklichkeit beziehen, sind sie nicht sicher, und insofern sie sicher sind, beziehen sie sich nicht auf die Wirklichkeit. Die volle Klarheit über diese Sachlage scheint mir erst durch diejenige Richtung in der Mathematik Besitz der Allgemeinheit geworden zu sein, die unter dem Namen »Axiomatik« bekannt ist. Der von der Axiomatik erzielte Fortschritt besteht nämlich darin, daß durch sie das Logisch-Formale vom sachlichen bzw. anschaulichen Gehalt sauber getrennt wurde; nur das Logisch-Formale bildet gemäß der Axiomatik den Gegenstand der Mathematik, nicht aber der mit dem Logisch-Formalen verknüpfte anschauliche oder sonstige Inhalt.

Betrachten wir einmal von diesem Gesichtspunkt aus irgendein Axiom der Geometrie, etwa das folgende: Durch zwei

Punkte des Raumes geht stets eine und nur eine Gerade. Wie ist dies Axiom im älteren und im neueren Sinn zu interpretieren?

Ältere Interpretation: Jeder weiß, was eine Gerade ist und was ein Punkt ist. Ob dies Wissen aus einem Vermögen des menschlichen Geistes oder aus der Erfahrung, aus einem Zusammenwirken beider oder sonstwoher stammt, braucht der Mathematiker nicht zu entscheiden; er überläßt diese Entscheidung dem Philosophen. Gestützt auf diese vor aller Mathematik gegebene Kenntnis, ist das genannte Axiom sowie alle anderen Axiome evident, d. h. es ist der Ausdruck für einen Teil dieser Kenntnis a priori.

Neuere Interpretation: Die Geometrie handelt von Gegenständen, die mit den Worten Gerade, Punkt usw. bezeichnet werden. Irgendeine Kenntnis oder Anschauung wird von diesen Gegenständen nicht vorausgesetzt, sondern nur die Gleichgültigkeit jener ebenfalls rein formal, d. h. losgelöst von jedem Anschauungs- und Erlebnisinhalt aufzufassenden Axiome, von denen das genannte ein Beispiel ist. Diese Axiome sind freie Schöpfungen des menschlichen Geistes. Alle anderen geometrischen Sätze sind logische Folgerungen aus den (nominalistisch aufzufassenden) Axiomen. Die Axiome definieren erst die Gegenstände, von denen die Geometrie handelt. Schlick hat die Axiome deshalb in seinem Buch über Erkenntnistheorie sehr treffend als »implizite Definitionen« bezeichnet.

Diese von der modernen Axiomatik vertretene Auffassung der Axiome säubert die Mathematik von allen nicht zu ihr gehörigen Elementen und beseitigt so das mystische Dunkel, das der Grundlage der Mathematik vorher anhaftete. Eine solche gereinigte Darstellung macht es aber auch evident, daß die Mathematik als solche weder über Gegenstände der anschaulichen Vorstellung noch über Gegenstände der Wirklichkeit etwas auszusagen vermag. Unter »Punkt«, »Gerade« usw. sind in der axiomischen Geometrie nur inhaltsleere Begriffsschemata zu verstehen. Was ihnen Inhalt gibt, gehört nicht zur Mathematik.

Andererseits ist es aber doch sicher, daß die Mathematik überhaupt und im speziellen auch die Geometrie ihre Entstehung dem Bedürfnis verdankt, etwas zu erfahren über das Verhalten wirklicher Dinge. Das Wort Geometrie, das ja »Erdmessung« bedeutet, beweist dies schon. Denn die Erdmessung handelt von den Möglichkeiten der relativen Lagerung gewisser Naturkörper zueinander, nämlich von Teilen des Erdkörpers, Meßschnüren, Meßlatten usw. Es ist klar, daß das Begriffssystem der axiomatischen Geometrie allein über das Verhalten derartiger Gegenstände der Wirklichkeit, die wir als praktisch starre Körper bezeichnen wollen, keine Aussage liefern kann. Um derartige Aussagen liefern zu können, muß die Geometrie dadurch ihres nur logisch-formalen Charakters entkleidet werden, daß den leeren Begriffsschemen der axiomatischen Geometrie erlebbare Gegenstände der Wirklichkeit zugeordnet werden. Um dies zu bewerkstelligen, braucht man nur den Satz zuzufügen:

Feste Körper verhalten sich bezüglich ihrer Lagerungsmöglichkeiten wie Körper der euklidischen Geometrie von drei Dimensionen; dann enthalten die Sätze der euklidischen Geometrie Aussagen über das Verhalten praktisch starrer Körper.

Die so ergänzte Geometrie ist offenbar eine Naturwissenschaft; wir können sie geradezu als den ältesten Zweig der Physik betrachten. Ihre Aussagen beruhen im wesentlichen auf Induktion aus der Erfahrung, nicht aber nur auf logischen Schlüssen. Wir wollen die so ergänzte Geometrie »praktische Geometrie« nennen und sie im folgenden von der »rein axiomatischen Geometrie« unterscheiden. Die Frage, ob die praktische Geometrie der Welt eine euklidische sei oder nicht, hat einen deutlichen Sinn, und ihre Beantwortung kann nur durch die Erfahrung geliefert werden. Alle Längenmessung in der

Physik ist praktische Geometrie in diesem Sinn, die geodätische und astronomische Längenmessung ebenfalls, wenn man den Erfahrungssatz zu Hilfe nimmt, daß sich das Licht in gerader Linie fortpflanzt, und zwar in gerader Linie im Sinne der praktischen Geometrie.

Dieser Auffassung der Geometrie lege ich deshalb besondere Bedeutung bei, weil es mir ohne sie unmöglich gewesen wäre, die Relativitätstheorie aufzustellen. Ohne sie wäre nämlich folgende Erwägung unmöglich gewesen: In einem relativ zu einem Inertialsystem rotierenden Bezugssystem entsprechen die Lagerungsgesetze starrer Körper wegen der Lorentz-Kontraktion nicht den Regeln der euklidischen Geometrie; also muß bei der Zulassung von Nicht-Inertialsystemen als gleichberechtigten Systemen die euklidische Geometrie verlassen werden. Der entscheidende Schritt des Überganges zu allgemein kovarianten Gleichungen wäre gewiß unterblieben, wenn die obige Interpretation nicht zugrunde gelegen hätte. Lehnt man die Beziehung zwischen dem Körper der axiomatischen euklidischen Geometrie und dem praktisch-starren Körper der Wirklichkeit ab, so gelangt man zur folgenden Auffassung, der insbesondere der scharfsinnige und tiefe Henri Poincare gehuldigt hat: Von allen anderen denkbaren axiomatischen Geometrien ist die euklidische Geometrie durch Einfachheit ausgezeichnet. Da nun die axiomatische Geometrie allein keine Aussagen über die erlebbare Wirklichkeit enthält, sondern nur die axiomatische Geometrie in Verbindung mit physikalischen Sätzen, so dürfte es – wie auch die Wirklichkeit beschaffen sein mag – möglich und vernünftig sein, an der euklidischen Geometrie festzuhalten. Denn man wird sich lieber zu einer Änderung der axiomatischen euklidischen Geometrie entschließen, falls sich Widersprüche zwischen Theorie und Erfahrung zeigen. Lehnt man die Beziehung zwischen dem praktischstarren Körper und der Geometrie ab, so wird man sich in der Tat nicht leicht von der Konvention freimachen, daß an der euklidischen Geometrie als der einfachsten festzuhalten sei.

Warum wird von Poincare und anderen Forschern die naheliegende Äquivalenz des praktisch-starren Körpers der Erfahrung und des Körpers der Geometrie abgelehnt? Einfach deshalb, weil die wirklichen festen Körper der Natur bei genauerer Betrachtung nicht starr sind, weil ihr geometrisches Verhalten, d. h. ihre relativen Lagerungsmöglichkeiten, von Temperatur, äußeren Kräften usw. abhängen. Damit scheint die ursprüngliche, unmittelbare Beziehung zwischen Geometrie und physikalischer Wirklichkeit zerstört, und man fühlt sich zu folgender allgemeinerer Auffassung hingedrängt, die Poincares Standpunkt charakterisiert: Die Geometrie (G) sagt nichts über das Verhalten der wirklichen Dinge aus, sondern nur die Geometrie zusammen mit dem Inbegriff (P) der physikalischen Gesetze. Symbolisch können wir sagen, daß nur die Summe (G) + (P) der Kontrolle der Erfahrung unterliegt. Es kann also (G) willkürlich gewählt werden, ebenso Teile von (P); all diese Gesetze sind Konventionen. Es ist zur Vermeidung von Widersprüchen nötig, den Rest von (P) so zu wählen, daß (G) und das totale (P) zusammen den Erfahrungen gerecht wird. Bei dieser Auffassung erscheinen die axiomatische Geometrie und der zu Konventionen erhobene Teil der Naturgesetze als erkenntnistheoretisch gleichwertig.

Sub specie aeterni hat Poincare mit dieser Auffassung nach meiner Meinung recht. Der Begriff des Meßkörpers sowie auch der ihm in der Relativitätstheorie koordinierte Begriff der Meßuhr findet in der wirklichen Welt kein ihm exakt entsprechendes Objekt. Auch ist klar, daß der feste Körper und die Uhr nicht die Rolle von irreduzibeln Elementen im Begriffsgebäude der Physik spielen, sondern die Rolle von zusammengesetzten Gebilden, die im Aufbau der theoretischen Physik keine selbständige Rolle spielen dürfen. Aber es ist meine Überzeugung, daß diese Begriffe beim heutigen Entwicklungsstadium der theoretischen Physik noch als selbständige Begriffe herangezogen werden müssen; denn wir sind noch weit von einer so gesicherten Kenntnis der theoretischen Grundlagen der Atomistik entfernt, daß wir exakte theoretische Konstruktionen jener Gebilde geben könnten.

Was ferner den Einwand angeht, daß es wirklich starre Körper in der Natur nicht gibt und daß also die von solchen behaupteten Eigenschaften gar nicht die physische Wirklichkeit betreffen, so ist er keineswegs so tiefgehend, wie man bei flüchtiger Betrachtung meinen möchte. Denn es fällt nicht schwer, den physikalischen Zustand eines Meßkörpers so genau festzulegen, daß sein Verhalten bezüglich der relativen Lagerung zu anderen Meßkörpern hinreichend eindeutig wird, so daß man ihn für den »starren« Körper substituieren darf. Auf solche Meßkörper sollen die Aussagen über starre Körper bezogen werden.

Alle praktische Geometrie ruht auf einem der Erfahrung zugänglichen Grundsatz, den wir uns nun vergegenwärtigen wollen. Wir wollen den Inbegriff zweier auf einem praktisch starren Körper angebrachten Marken eine Strecke nennen. Wir denken uns zwei praktisch starre Körper und auf jedem eine Strecke markiert. Diese beiden Strecken sollen »einander gleich« heißen, wenn die Marken der einen dauernd mit den Marken der anderen zur Koinzidenz gebracht werden können. Es wird nun vorausgesetzt:

Wenn zwei Strecken einmal und irgendwo als gleich befunden sind, so sind sie stets und überall gleich.

Nicht nur die praktische euklidische Geometrie, sondern auch ihre nächste Verallgemeinerung, die praktische Riemannsche Geometrie und damit die allgemeine Relativitätstheorie, beruhen auf diesen Voraussetzungen. Von den Erfahrungsgründen, die für das Zutreffen dieser Voraussetzungen sprechen, will ich nur einen anführen. Das Phänomen der Lichtausbreitung im leeren Raum ordnet jedem Lokal-Zeit-Intervall eine Strecke, nämlich den zugehörigen Lichtweg, zu und umgekehrt. Damit hängt es zusammen, daß die oben für Strecken angegebene Voraussetzung in der Relativitätstheorie auch für Uhr-Zeit-Intervalle gelten muß. Sie kann dann so formuliert werden: Gehen zwei ideale Uhren irgendwann und irgendwo gleich rasch (wobei sie unmittelbar benachbart sind), so gehen sie stets gleich rasch, unabhängig davon, wo und wann sie am gleichen Ort miteinander verglichen werden. Wäre dieser Satz für die natürlichen Uhren nicht gültig, so würden die Eigenfrequenzen der einzelnen Atome desselben chemischen Elementes nicht so genau miteinander übereinstimmen, wie es die Erfahrung zeigt. Die Existenz scharfer Spektrallinien bildet einen überzeugenden Erfahrungsbeweis für den genannten Grundsatz der praktischen Geometrie. Hierauf beruht es in letzter Linie, daß wir in sinnvoller Weise von einer Metrik im Sinne Riemanns des vierdimensionalen Raum-Zeit-Kontinuums sprechen können.

Die Frage, ob dieses Kontinuum euklidisch oder gemäß dem allgemeinenen Riemannschen Schema oder noch anders strukturiert sei, ist nach der hier vertretenen Auffassung eine eigentlich physikalische Frage, die durch die Erfahrung beantwortet werden muß, keine Frage bloßer nach Zweckmäßigkeitsgründen zu wählender Konvention. Die Riemannsche Geometrie wird dann gelten, wenn die Lagerungsgesetze praktisch starrer Körper desto genauer in diejenigen der Körper der euklidischen Geometrie übergehen, je kleiner die Abmessungen des ins Auge gefaßten raum-zeitlichen Gebietes sind.

Die hier vertretene physikalische Interpretation der Geometrie versagt zwar bei ihrer unmittelbaren Anwendung auf Räume von submolekularer Größenordnung. Einen Teil ihrer Bedeutung behält sie indessen auch noch den Fragen der Konstitution der Elementarteilchen gegenüber. Denn man kann versuchen, den Feldbegriffen, die man zur Beschreibung des geometrischen Verhaltens von gegenüber dem Molekül großen Körpern physikalisch definiert hat, auch dann physikalische Bedeutung zuzuschreiben, wenn es sich um die Beschreibung der elektrischen Elementarteilchen handelt, die die Materie konstituieren. Nur der Erfolg kann über die Berechtigung eines solchen Versuches entscheiden, der den Grundbegriffen der Riemannschen Geometrie über ihren physikalischen Definitionsbereich hinaus physikalische Realität zuspricht. Möglicherweise könnte es sich zeigen, daß diese Extrapolation ebensowenig angezeigt ist wie diejenige des Temperaturbegriffes auf Teile eines Körpers von molekularer Größenordnung.

Weniger problematisch erscheint die Ausdehnung der Begriffe der praktischen Geometrie auf Räume von kosmischer Größenordnung. Man könnte zwar einwenden, daß eine aus festen Stäben gebildete Konstruktion sich vom Starrheitsideal desto mehr entfernt, je größer ihre räumliche Erstreckung ist. Aber man wird diesem Einwand wohl schwerlich prinzipielle Bedeutung zuschreiben dürfen. Deshalb erscheint mir auch die Frage, ob die Welt räumlich endlich sei oder nicht, eine im Sinne der praktischen Geometrie durchaus sinnvolle Frage zu sein. Ich halte es nicht einmal für ausgeschlossen, daß diese Frage in absehbarer Zeit von der Astronomie beantwortet werden wird. Vergegenwärtigen wir uns, was die allgemeine Relativitätstheorie in dieser Beziehung lehrt! Nach ihr gibt es zwei Möglichkeiten:

1. Die Welt ist räumlich unendlich. Dies ist nur möglich, wenn die durchschnittliche räumliche Dichte der in Sternen konzentrierten Materie im Weltraum verschwindet, d. h. wenn das Verhältnis der Gesamtmasse der Sterne zur Größe des Raumes, über den sie verstreut sind, sich unbegrenzt dem Werte Null nähert,

wenn man die in Betracht gezogenen Räume immer größer werden läßt.

2. Die Welt ist räumlich endlich. Dies muß der Fall sein, wenn es eine von Null verschiedene mittlere Dichte der ponderabeln Materie im Weltraum gibt. Das Volumen des Weltraumes ist desto größer, je kleiner jene mittlere Dichte ist.

Ich will nicht unerwähnt lassen, daß ein theoretischer Grund für die Hypothese von der Endlichkeit der Welt geltend gemacht werden kann. Die allgemeine Relativitätstheorie lehrt, daß die Trägheit eines bestimmten Körpers desto größer ist, je mehr ponderable Massen sich in seiner Nähe befinden; es erscheint demnach überhaupt naheliegend, die gesamte Trägheitswirkung eines Körpers auf Wechselwirkung zwischen ihm und den übrigen Körpern der Welt zurückzuführen, wie ja auch die Schwere seit Newton vollständig auf Wechselwirkung zwischen den Körpern zurückgeführt ist. Es läßt sich aus den Gleichungen der allgemeinen Relativitätstheorie ableiten, daß diese restlose Zurückführung der Trägheit auf Wechselwirkung zwischen den Massen – wie sie z. B. Ernst Mach gefordert hat – nur dann möglich ist, wenn die Welt räumlich endlich ist. Auf viele Physiker und Astronomen macht dieses Argument keinen Eindruck. Letzten Endes kann in der Tat nur die Erfahrung darüber entscheiden, welche der beiden Möglichkeiten in der Natur realisiert ist; wie kann die Erfahrung eine Antwort liefern? Zunächst könnte man meinen, daß sich die mittlere Dichte der Materie durch Beobachtung des unserer Wahrnehmung zugänglichen Teils des Weltalls bestimmen lasse. Diese Hoffnung ist trügerisch. Die Verteilung der sichtbaren Sterne ist eine ungeheuer unregelmäßige, so daß wir keineswegs wagen dürfen, die mittlere Dichte der Sternmaterie in der Welt etwa der mittleren Dichte in der Milchstraße gleichzusetzen. Überhaupt könnte man – wie groß auch der durchforschte Raum sein mag – immer argwöhnen, daß außerhalb dieses Raumes keine Sterne mehr seien. Eine Abschätzung der mittleren Dichte erscheint also ausgeschlossen.

Es gibt aber noch einen zweiten Weg, der mir eher gangbar scheint, wenngleich auch dieser große Schwierigkeiten bietet. Fragen wir nämlich nach den Abweichungen, welche die der astronomischen Erfahrung zugänglichen Konsequenzen der allgemeinen Relativitätstheorie gegenüber denen der Newtonschen Theorie bieten, so ergibt sich zunächst eine in großer Nähe der gravitierenden Masse sich geltend machende Abweichung, die sich am Merkur hat bestätigen lassen. Für den Fall, daß die Welt räumlich endlich ist, gibt es aber noch eine zweite Abweichung von der Newtonschen Theorie, die sich in der Sprache der Newtonschen Theorie so ausdrücken läßt: Das Gravitationsfeld ist so beschaffen, wie wenn es außer von den ponderabeln Massen noch von einer Massendichte negativen Vorzeichens hervorgerufen wäre, die gleichmäßig über den Raum verteilt ist. Da diese fingierte Massendichte ungeheuer klein sein müßte, so könnte sie sich nur in gravitierenden Systemen von sehr großer Ausdehnung bemerkbar machen.

Angenommen, wir kennen etwa die statistische Verteilung der Sterne in der Milchstraße sowie deren Massen. Dann können wir das Gravitationsfeld nach Newtons Gesetz berechnen sowie die mittleren Geschwindigkeiten, welche die Sterne haben müssen, damit die Milchstraße durch die gegenseitigen Wirkungen ihrer Sterne nicht in sich zusammenstürze, sondern ihre Ausdehnung aufrechterhalte. Wenn nun die wirklichen mittleren Geschwindigkeiten der Sterne, die sich ja messen lassen, kleiner wären als die berechneten, so wäre der Nachweis geführt, daß die wirklichen Anziehungen auf große Entfernungen kleiner seien als nach Newtons Gesetz. Aus einer solchen Abweichung könnte man die Endlichkeit der Welt indirekt beweisen und sogar ihre räumliche Größe abschätzen.

Was ist Relativitätstheorie?

Dem Ersuchen Ihres Mitarbeiters, für die »Times« etwas über »Relativität« zu schreiben, komme ich gern nach. Denn nach dem beklagenswerten Zusammenbruch der früher regen internationalen Beziehungen der Gelehrten ist mir dies eine willkommene Gelegenheit, mein Gefühl der Freude und der Dankbarkeit den englischen Astronomen und Physikern gegenüber auszudrücken. Es entspricht ganz den großen und stolzen Traditionen der wissenschaftlichen Arbeit in Ihrem Lande, daß bedeutende Forscher viel Zeit und Mühe, Ihre wissenschaftlichen Institute große materielle Mittel aufwandten, um eine Folgerung einer Theorie zu prüfen, die im Land Ihrer Feinde während des Krieges vollendet und publiziert worden ist. Wenn es sich bei der Untersuchung des Einflusses des Gravitationsfeldes der Sonne auf Lichtstrahlen auch um eine rein objektive Angelegenheit handelte, so drängt es mich doch, den englischen Fachgenossen auch meinen persönlichen Dank für ihr Werk zu sagen, denn ohne dasselbe hätte ich die Prüfung der wichtigsten Konsequenz meiner Theorie wohl nicht mehr erlebt.

Man kann in der Physik Theorien verschiedener Art unterscheiden. Die meisten sind konstruktive Theorien. Diese suchen aus einem relativ einfachen zugrunde gelegten Formalismus ein Bild der komplexeren Erscheinungen zu konstruieren. So sucht die kinetische Gastheorie die mechanischen, thermischen und Diffusionsvorgänge auf Bewegungen der Moleküle zurückzuführen, d. h. aus der Hypothese der Molekularbewegung zu konstruieren. Wenn man sagt, es sei gelungen, eine Gruppe von Naturvorgängen zu begreifen, so meint man damit immer, daß eine konstruktive Theorie gefunden sei, welche die betreffenden Vorgänge umfaßt.

Es gibt aber neben dieser wichtigsten Klasse von Theorien eine zweite. Ich will sie Prinziptheorien nennen. Diese bedienen sich nicht der synthetischen, sondern der analytischen Methode. Ausgangspunkt und Basis bilden nicht hypothetische Konstruktionselemente, sondern empirisch gefundene, allgemeine Eigenschaften der Naturvorgänge, Prinzipien, aus denen dann mathematisch formulierte Kriterien folgen, denen die einzelnen Vorgänge bzw. deren theoretische Bilder zu genügen haben. So sucht die Thermodynamik aus dem allgemeinen Erfahrungsresultat, daß ein Perpetuum mobile unmöglich sei, auf analytischem Weg Bindungen zu ermitteln, denen die einzelnen Vorgänge genügen müssen.

Vorzug der konstruktiven Theorien ist Vollständigkeit, Anpassungsfähigkeit und Anschaulichkeit, Vorzug der Prinziptheorie ist logische Vollkommenheit und Sicherheit der Grundlage.

Die Relativitätstheorie gehört zu den Prinziptheorien. Um ihr Wesen zu erfassen, muß man also in erster Linie die Prinzipe kennenlernen, auf denen sie beruht. Bevor ich auf diese eingehe, muß ich aber bemerken, daß die Relativitätstheorie einem Gebäude gleicht, das aus zwei gesonderten Stockwerken besteht, der speziellen und der allgemeinen Relativitätstheorie. Die spezielle Relativitätstheorie, auf der die allgemeine ruht, bezieht sich auf alle physikalischen Vorgänge mit Ausschluß der Gravitation; die allgemeine Relativitätstheorie liefert das Gesetz der Gravitation und deren Relationen zu den andern Naturkräften.

Seit dem griechischen Altertum ist es wohl bekannt, daß es zur Beschreibung der Bewegung eines Körpers eines zweiten Körpers bedarf, auf welchen die Bewegung des ersten bezogen wird. Die Bewegung eines Wagens wird auf den Erdboden bezogen, die eines Planeten auf die Totalität der sichtbaren Fixsterne. In der Physik nennt man den Körper, auf den man die Vorgänge räumlich bezieht, Koordinatensystem. Es können zum Beispiel die Gesetze der Mechanik von Galilei und Newton nur unter Benutzung eines Koordinatensystems formuliert werden.

Der Bewegungszustand des Koordinatensystems darf aber nicht willkürlich gewählt werden, wenn die Gesetze der Mechanik gelten sollen (er muß »drehungsfrei« und »beschleunigungsfrei« sein). Man nennt ein in der Mechanik zugelassenes Koordinatensystem ein »Inertialsystem«. Der Bewegungszustand eines Inertialsystems ist aber nach der Mechanik kein durch die Natur eindeutig bestimmter. Es gilt vielmehr der Satz: ein relativ zu einem Inertialsystem gradlinig und gleichförmig bewegtes Koordinatensystem ist ebenfalls ein Inertialsystem. Unter dem »speziellen Relativitätsprinzip« versteht man nun die Verallgemeinerung dieses Satzes auf beliebige Naturvorgänge; jedes allgemeine Naturgesetz, das in bezug auf ein Koordinatensystem K gilt, muß auch unverändert gelten in bezug auf ein Koordinatensystem K^1, das relativ zu K in gleichförmiger Translationsbewegung ist.

Das zweite Prinzip, auf dem die spezielle Relativitätstheorie beruht, ist das »Prinzip von der Konstanz der Vacuum-Lichtgeschwindigkeit«. Dieses sagt: Das Licht hat im Vacuum stets eine bestimmte Ausbreitungsgeschwindigkeit, unabhängig vom Bewegungszustand und von der Lichtquelle. Das Vertrauen, das der Physiker diesem Satz entgegenbringt, stammt aus den Erfolgen der Maxwell-Lorentzschen Elektrodynamik.

Die beiden genannten Prinzipe sind durch die Erfahrung mächtig gestützt, scheinen aber logisch miteinander nicht vereinbar zu sein. Ihre logische Vereinigung gelang schließlich der speziellen Relativitätstheorie durch eine Abänderung der Kinematik, d.h. der Lehre von den Gesetzen, die Raum und Zeit – vom physikalischen Standpunkt aus – betreffen. Es zeigt sich, daß die Aussage der Gleichzeitigkeit zweier Ereignisse nur in bezug auf ein Koordinatensystem Sinn habe und die Gestalt von Meßkörpern sowie die Ganggeschwindigkeit von Uhren von deren Bewegungszustand zum Koordinatensystem abhängen müsse.

Die alte Physik inklusive der Galilei-Newtonschen Bewegungsgesetze paßte aber nicht zu der angedeuteten relativistischen Kinematik. Aus letzterer flossen allgemeine mathematische Bedingungen, denen die Naturgesetze entsprechen mußten, wenn die beiden genannten allgemeinen Prinzipien wirklich zutreffen sollten. Diesen mußte die Physik angepaßt werden. Insbesondere gelangte man zu einem neuen Bewegungsgesetz für rasch bewegte Massenpunkte, das an elektrisch geladenen Teilchen vortrefflich bestätigt wurde. Das wichtigste Ergebnis der speziellen Relativitätstheorie betraf die träge Masse körperlicher Systeme. Es ergab sich, daß die Trägheit eines Systems von seinem Energieinhalt abhängen müsse, und man gelangte geradezu zur Auffassung, daß träge Masse nichts anderes sei als latente Energie. Der Satz von der Erhaltung der Masse verlor seine Selbständigkeit und verschmolz mit dem von der Erhaltung der Energie.

Die spezielle Relativitätstheorie, die nichts anderes war als eine systematische Fortsetzung der Maxwell-Lorentzschen Elektrodynamik, wies aber über sich selbst hinaus. Sollte die Unabhängigkeit der physikalischen Gesetze vom Bewegungszustand des Koordinatensystems auf gleichförmige Translationsbewegungen der Koordinatensysteme zueinander beschränkt sein? Was hat die Natur mit den von uns eingeführten Koordinatensystemen und deren Bewegungszustand zu tun? Wenn es schon für die Naturbeschreibung nötig ist, sich eines von uns willkürlich eingeführten Koordinatensystems zu bedienen, so sollte die Wahl von dessen Bewegungszustand keiner Beschränkung unterworfen sein; die Gesetze sollten von dieser Wahl ganz unabhängig sein (Allgemeines Relativitätsprinzip).

Die Durchführung dieses allgemeinen Relativitätsprinzips wird nahegelegt durch eine längst bekannte Erfahrung, nach welcher die Schwere und die Trägheit eines Körpers durch dieselbe Konstante beherrscht werden (Gleichheit der trägen und schweren Masse). Man denke etwa an ein Koordinatensystem, das relativ zu einem Inertialsystem im Sinne Newtons in gleichförmiger Rotation begriffen ist. Die relativ zu diesem System auftretenden Zentrifugalkräfte müssen im Sinne von Newtons Lehre als Wirkungen der Trägheit aufgefaßt werden. Diese Zentrifugalkräfte sind aber genau wie die Schwerkräfte proportional der Masse der Körper. Sollte es da nicht möglich sein, das Koordinatensystem als ruhend und die Zentrifugalkräfte als Gravitationskräfte aufzufassen? Die Auffassung liegt nahe, aber die klassische Mechanik verbietet sie.

Diese flüchtige Überlegung läßt ahnen, daß eine allgemeine Relativitätstheorie die Gesetze der Gravitation liefern muß, und die konsequente Verfolgung des Gedankens hat die Hoffnung gerechtfertigt.

Aber der Weg war schwerer, als man denken sollte, weil er das Aufgeben der euklidischen Geometrie verlangte. Dies bedeutet: Die Gesetze, nach welchen sich die festen Körper im Raume anordnen lassen, stimmen nicht genau überein mit den Lagerungsgesetzen, welche die euklidische Geometrie den Körpern zuschreibt. Dies meint man, wenn man von »Krümmung des Raumes« redet. Die Grundbegriffe »Gerade«, »Ebene« usw. verlieren dadurch ihre exakte Bedeutung in der Physik.

In der allgemeinen Relativitätstheorie spielt die Lehre von Raum und Zeit, die Kinematik, nicht mehr die Rolle eines von der übrigen Physik unabhängigen Fundamentes. Das geometrische Verhalten der Körper und der Gang der Uhren hängt vielmehr von den Gravitationsfeldern ab, die selbst wieder von der Materie erzeugt sind. Die neue Theorie der Gravitation weicht in prinzipieller Hinsicht von der Theorie Newtons bedeutend ab. Aber ihre praktischen Ergebnisse stimmen mit denen der Newtonschen Theorie so nahe überein, daß es schwerfällt, Unterscheidungskriterien zu finden, die der Erfahrung zugänglich sind. Solche haben sich bis jetzt gefunden:

1. In der Drehung der Ellipsen der Planetenbahnen um die Sonne *(beim Merkur bestätigt)*.
2. In der Krümmung der Lichtstrahlen durch die Gravitationsfelder *(durch die englischen Sonnenfinsternis-Aufnahmen bestätigt)*.
3. In einer Verschiebung der Spektrallinien nach dem roten Spektralende hin des von Sternen bedeutender Masse zu uns gesandten Lichtes *(später ebenfalls bestätigt)*.

Der Hauptreiz der Theorie liegt in ihrer logischen Geschlossenheit. Wenn eine einzige aus ihr geschlossene Konsequenz sich als unzutreffend erweist, muß sie verlassen werden; eine Modifikation erscheint ohne Zerstörung des ganzen Gebäudes unmöglich.

Niemand aber soll denken, daß durch diese oder irgendeine andere Theorie Newtons große Schöpfung im eigentlichen Sinne verdrängt werden könne. Seine klaren und großen Ideen werden als Fundament unserer ganzen modernen Begriffsbildung auf dem Gebiet der Naturphilosophie ihre eminente Bedeutung in aller Zukunft behalten.

Über Relativitätstheorie

Eine Londoner Rede

Eine besondere Freude ist es mir heute, in der Hauptstadt jenes Landes sprechen zu dürfen, von dem aus die wichtigsten grundlegenden Ideen der theoretischen Physik in die Welt gegangen sind. Ich denke an die Theorie der Massenbewegung und Gravitation, die Newton uns geschenkt hat, und an den Begriff des elektromagnetischen Feldes, durch welchen Faraday und Maxwell der Physik eine neue Grundlage gegeben haben. Man kann wohl sagen, daß die Relativitätstheorie zum großartigen Gedankengebäude Maxwells und Lorentz' eine Art Abschluß geliefert hat, indem sie versucht, die Feldphysik auf alle Erscheinungen, die Gravitation eingeschlossen, auszudehnen.

Indem ich mich dem eigentlichen Gegenstand der Relativitätstheorie zuwende, liegt es mir daran, hervorzuheben, daß diese Theorie nicht spekulativen Ursprungs ist, sondern daß sie durchaus nur der Bestrebung ihre Entdeckung verdankt, die physikalische Theorie den beobachteten Tatsachen so gut als nur möglich anzupassen. Es handelt sich keineswegs um einen revolutionären Akt, sondern um eine natürliche Fortentwicklung einer durch Jahrhunderte verfolgbaren Linie. Das Aufgeben gewisser bisher als fundamental behandelter Begriffe über Raum, Zeit und Bewegung darf nicht als freiwillig aufgefaßt werden, sondern nur als bedingt durch beobachtete Tatsachen.

Das durch die Entwicklung der Elektrodynamik und Optik erhärtete Gesetz der Konstanz der Lichtgeschwindigkeit im leeren Raum in Verbindung mit der durch Michelsons berühmten Versuch besonders scharf dargetanen Gleichberechtigung aller Inertialsysteme (spezielles Relativitätsprinzip) führten zunächst dazu, daß der Zeitbegriff relativiert werden mußte, indem jedem Inertialsystem seine besondere Zeit gegeben werden mußte. Bei der Entwicklung dieser Idee zeigte es sich, daß früher der Zusammenhang zwischen den unmittelbaren Erlebnissen einerseits, Koordinaten und Zeit andererseits, nicht mit genügender Schärfe überlegt worden war.

Es ist überhaupt einer der wesentlichsten Züge der Relativitätstheorie, daß sie bemüht ist, die Beziehungen der allgemeinen Begriffe zu den erlebbaren Tatsachen schärfer herauszuarbeiten. Dabei gilt stets als Grundsatz, daß die Berechtigung eines physikalischen Begriffes ausschließlich in seiner klaren und eindeutigen Beziehung zu den erlebbaren Tatsachen beruht. Gemäß der speziellen Relativitätstheorie haben räumliche

Koordinaten und Zeit noch insofern absoluten Charakter, als sie unmittelbar durch starre Uhren und Körper meßbar sind. Sie sind aber insofern relativ, als sie vom Bewegungszustand des gewählten Inertialsystems abhängen. Das durch Vereinigung von Raum und Zeit gebildete vierdimensionale Kontinuum behält nach der speziellen Relativitätstheorie jenen absoluten Charakter, welchen nach der früheren Theorie sowohl der Raum als auch die Zeit – jeder besonders – besaß (Minkowski). Aus der Interpretation von Koordinaten und Zeit als Meßergebnis folgt dann der Einfluß der Bewegung (relativ zum Koordinatensystem) auf die Gestalt der Körper und auf den Gang der Uhren sowie die Äquivalenz der Energie und der trägen Masse.

Die allgemeine Relativitätstheorie verdankt ihre Entstehung in erster Linie der Erfahrungstatsache von der numerischen Gleichheit der trägen und der schweren Masse der Körper, für welche fundamentale Tatsache die klassische Mechanik keine Interpretation geliefert hat. Man gelangt zu einer solchen Interpretation durch die Ausdehnung des Relativitätsprinzips auf relativ zueinander beschleunigte Koordinatensysteme. Die Einführung von relativ zu Inertialsystemen beschleunigten Koordinatensystemen bedingt das Auftreten von Gravitationsfeldern relativ zu letzteren. Damit hängt es zusammen, daß die auf die Gleichheit der Trägheit und Schwere gegründete allgemeine Relativitätstheorie eine Theorie des Gravitationsfeldes liefert.

Die Einführung relativ zueinander beschleunigter Koordinatensysteme als gleichberechtigte Koordinatensysteme, wie sie durch die Identität von Trägheit und Schwere bedingt erscheinen, führt in Verbindung mit den Ergebnissen der speziellen Relativitätstheorie zur Folgerung, daß die Gesetze der Lagerung fester Körper beim Vorhandensein von Gravitationsfeldern nicht den Regeln der euklidischen Geometrie entsprechen. Ein analoges Ergebnis folgt bezüglich des Ganges von Uhren. Hieraus ergibt sich die Notwendigkeit einer abermaligen Verallgemeinerung der Theorie von Raum und Zeit, weil nun die unmittelbare Interpretation der Raum- und Zeitkoordinaten durch mit Meßstäben und Uhren gewinnbare Meßergebnisse dahinfällt. Jene Verallgemeinerung der Metrik, die auf rein mathematischem Gebiet durch die Forschungen von Gauß und Riemann bereits vorlag, beruht im wesentlichen darauf, daß die Metrik der speziellen Relativitätstheorie für kleine Gebiete auch im allgemeinen Fall noch Gültigkeit beanspruchen kann.

Der hier geschilderte Entwicklungsgang nimmt den raumzeitlichen Koordinaten jede selbständige Realität. Das Metrisch-Reale ist jetzt erst durch die Verbindung der Raum-Zeit-Koordinaten mit denjenigen mathematischen Größen gegeben, die das Gravitationsfeld beschreiben.

Es gibt eine zweite Wurzel für den Gedankengang der allgemeinen Relativitätstheorie. Wie schon Ernst Mach nachdrücklich hervorhob, ist in der Newtonschen Theorie der folgende Punkt unbefriedigend: Betrachtet man die Bewegung nicht vom kausalen, sondern vom rein beschreibenden Standpunkt aus, so gibt es Bewegung nur als Relativbewegung von Dingen gegeneinander. Die in den Newtonschen Bewegungsgleichungen auftretende Beschleunigung ist aber vom Begriff der Relativbewegung aus nicht faßbar. Sie zwang Newton, einen physikalischen Raum zu fingieren, in bezug auf welchen eine Beschleunigung existieren sollte. Dieser ad hoc eingeführte Begriff des absoluten Raumes ist zwar logisch korrekt, erscheint aber unbefriedigend. Ernst Mach suchte daher nach einer Abänderung der mechanischen Gleichungen derart, daß die Trägheit der Körper auf eine Relativbewegung derselben nicht gegen den absoluten Raum, sondern gegen die Gesamtheit der übrigen ponderablen Körper zurückgeführt wird. Machs Versuch mußte beim damaligen Stand der Kenntnisse scheitern.

Die Stellung des Problems erscheint aber durchaus vernünftig. Dieser Gedankengang drängt sich der allgemeinen Relativitätstheorie gegenüber mit erheblich verstärkter Intensität auf, da nach ihr die physikalischen Eigenschaften des Raumes durch die ponderable Materie beeinflußt sind. Der Vortragende ist der Überzeugung, daß die allgemeine Relativitätstheorie dieses Problem nur auf dem Wege befriedigend lösen kann, daß sie die Welt als räumlich geschlossen betrachtet. Die mathematischen Ergebnisse der Theorie zwingen zu dieser Auffassung, wenn man annimmt, daß die mittlere Dichte der ponderablen Materie in der Welt einen wenn auch noch so kleinen endlichen Wert besitzt.

Einiges über die Entstehung der allgemeinen Relativitätstheorie

Der Aufforderung, etwas Historisches über meine eigene wissenschaftliche Arbeit zu sagen, komme ich gerne nach. Nicht, als ob ich die Bedeutung des eigenen Strebens ungebührlich hoch einschätzte! Aber Geschichte über anderer Menschen Arbeit zu schreiben, setzt eine Vertiefung in fremdes Denken voraus, die viel besser von in historischer Tätigkeit geübten Persönlichkeiten erreicht wird, während die Aufklärung über eigenes früheres Denken unvergleichlich leichter zu sein scheint. Hier ist man in einer weit günstigeren Position als alle anderen; diese Gelegenheit soll man nicht aus Bescheidenheit unbenutzt lassen.

Als 1905 mit der speziellen Relativitätstheorie die Gleichwertigkeit aller sogenannten Inertialsysteme für die Formulierung der Naturgesetze erlangt war, wirkte die Frage mehr als naheliegend, ob es wohl nicht eine weitergehende Gleichwertigkeit der Koordinatensysteme gäbe? Anders ausgedrückt: Wenn dem Begriff der Geschwindigkeit nur ein relativer Sinn zugeschrieben werden kann, soll man trotzdem daran festhalten, die Beschleunigung als absoluten Begriff festzuhalten?

Vom rein kinematischen Standpunkt aus war ja die Relativität beliebiger Bewegungen nicht zu bezweifeln; aber physikalisch schien dem Inertialsystem eine bevorzugte Bedeutung zuzukommen, welche die Bedeutung anders bewegter Koordinatensysteme als künstlich erscheinen ließ.

Freilich war mir Machs Auffassung bekannt geworden, nach der es als denkbar erschien, daß der Trägheitswiderstand nicht einer Beschleunigung an sich, sondern einer Beschleunigung gegen die Massen der übrigen in der Welt vorhandenen Körper entgegenwirke. Dieser Gedanke hatte für mich etwas Faszinierendes, aber er bot keine brauchbare Grundlage für eine neue Theorie.

Ich kam der Lösung des Problems zum erstenmal einen Schritt näher, als ich versuchte, das Gravitationsgesetz im Rahmen der speziellen Relativitätstheorie zu behandeln. Wie die meisten damaligen Autoren versuchte ich, ein Feldgesetz für die Gravitation aufzustellen, da ja die Einführung unvermittelter Fernwirkung wegen der Abschaffung des absoluten Gleichzeitigkeitsbegriffs nicht mehr oder wenigstens nicht mehr in irgendwie natürlicher Weise möglich war.

Das Einfachste war natürlich, das Laplacesche skalare Potential der Gravitation beizubehalten und die Poissonsche Gleichung durch ein nach der Zeit differenziertes Glied in naheliegender Weise so zu ergänzen, daß der speziellen Relativitätstheorie Genüge geleistet wurde. Auch mußte das Bewegungsgesetz des Massenpunktes im Gravitationsfeld der speziellen Relativitätstheorie angepaßt werden. Der Weg hierfür war weniger eindeutig vorgeschrieben, weil ja die träge Masse eines Körpers vom Gravitationspotential abhängen konnte. Dies war sogar wegen des Satzes von der Trägheit der Energie zu erwarten.

Solche Untersuchungen führten aber zu einem Ergebnis, das mich in hohem Maß mißtrauisch machte. Gemäß der klassischen Mechanik ist nämlich die Vertikalbeschleunigung eines Körpers im vertikalen Schwerefeld von der Horizontalkomponente der Geschwindigkeit unabhängig. Hiermit hängt es zusammen, daß die Vertikalbeschleunigung eines mechanischen Systems bzw. dessen Schwerpunktes in einem solchen Schwerefeld unabhängig herauskommt von dessen innerer kinetischer Energie. Nach der von mir versuchten Theorie war aber die Unabhängigkeit der Fallbeschleunigung von der Horizontalgeschwindigkeit bzw. von der inneren Energie eines Systems nicht vorhanden.

Dies paßte nicht zur alten Erfahrung, daß die Körper alle dieselbe Beschleunigung in einem Gravitationsfeld erfahren. Dieser Satz, der auch als der Satz von der Gleichheit der trägen und schweren Masse formuliert werden kann, leuchtete mir nun in seiner tiefen Bedeutung ein. Ich wunderte mich im höchsten Grade über sein Bestehen und vermutete, daß in ihm der Schlüssel für ein tieferes Verständnis der Trägheit und Gravitation liegen müsse. An seiner strengen Gültigkeit habe ich auch ohne Kenntnisse des Resultates der schönen Versuche von Eötvös, die mir – wenn ich mich richtig erinnere – erst später bekannt wurden, nicht ernsthaft gezweifelt. Nun verwarf ich den Versuch der oben angedeuteten Behandlung des Gravitationsproblems im Rahmen der speziellen Relativitätstheorie als inadäquat. Er wurde offenbar gerade der fundamentalsten Eigenschaft der Gravitation nicht gerecht. Der Satz von der Gleichheit der trägen und schweren Masse konnte nun sehr anschaulich so formuliert werden: In einem homogenen Gravitationsfeld gehen alle Bewegungen so vor sich wie bei Abwesenheit eines Gravitationsfeldes in bezug auf ein gleichförmig beschleunigtes Koordinatensystem. Galt dieser Satz für beliebige Vorgänge (»Äquivalenzprinzip«), so war dies ein Hinweis darauf, daß das Relativitätsprinzip auf ungleichförmig gegeneinander bewegte Koordinatensysteme erweitert werden mußte, wenn man zu einer ungezwungenen Theorie des Gravitationsfeldes gelangen wollte. Solcherlei Überlegungen beschäftigten mich 1908 bis 1911, und ich versuchte, spezielle Folgerungen hieraus zu ziehen, von denen ich hier nicht sprechen will. Wichtig war zunächst nur die Erkenntnis, daß eine vernünftige Theorie der Gravitation nur von einer Erweiterung des Relativitätstheorie zu erwarten war.

Es galt also, eine Theorie aufzustellen, deren Gleichungen ihre Form bei nichtlinearen Transformationen der Koordinaten behielten. Ob dies für ganz beliebige (stetige) Koordinatentransformationen gelten sollte oder nur für gewisse, das wußte ich vorderhand nicht.

Ich sah bald, daß bei der durch das Äquivalenzprinzip geforderten Erfassung nichtlinearer Transformationen die einfache physikalische Interpretation von Koordinaten verlorengehen mußte, d. h. es konnte nicht mehr gefordert werden, daß Koordinatendifferenzen unmittelbare Ergebnisse von Messungen mit idealen Maßstäben bzw. Uhren bedeuten sollten. Diese Erkenntnis plagte mich sehr, denn ich vermochte lange nicht einzusehen, was dann die Koordinaten in der Physik überhaupt bedeuten sollten? Die Erlösung aus diesem Dilemma kam erst etwa 1912, und zwar durch folgende Überlegung:

Es mußte doch eine neue Formulierung des Trägheitsgesetzes gefunden werden, die im Falle des Fehlens eines wirklichen »Gravitationsfeldes bei Anwendung eines Inertialsystems« als Koordinatensystem in die Galileische Formulierung des Trägheitsprinzips überging. Letztere besagt: ein materieller Punkt, auf den keine Kräfte wirken, wird im vierdimensionalen Raum durch eine gerade Linie dargestellt, d. h. also durch eine kürzeste Linie oder richtiger eine extremale Linie. Dieser Begriff setzt denjenigen der Länge eines Linienelementes, d. h. eine Metrik, voraus. In der speziellen Relativitätstheorie war – wie Minkowski gezeigt hatte – diese Metrik eine quasi euklidische, d. h. das

Quadrat der »Länge« ds des Linienelementes, war eine bestimmte quadratische Funktion der Koordinatendifferentiale.

Führt man nun andere Koordinaten durch eine nichtlineare Transformation ein, so bleibt ds2 eine homogene Funktion der Koordinatendifferentiale, aber die Koeffizienten dieser Funktion (gμv) werden nicht mehr konstant, sondern gewisse Funktionen der Koordinaten. Mathematisch heißt dies: der physikalische (vierdimensionale) Raum besitzt eine Riemannsche Metrik. Die zeitartigen extremalen Linien dieser Metrik liefern das Bewegungsgesetz eines materiellen Punktes, auf welchen, abgesehen von Gravitationskräften, keine Kräfte wirken. Die Koeffizienten (gμv) dieser Metrik beschreiben in bezug auf das gewählte Koordinatensystem zugleich das Gravitationsfeld. Damit war eine natürliche Formulierung des Äquivalenzprinzips gefunden, deren Ausdehnung auf beliebige Gravitationsfelder eine durchaus natürliche Hypothese bedeutete.

Die Lösung des obigen Dilemmas war also folgende: nicht den Koordinatendifferentialen, sondern nur der ihnen zugeordneten Riemann-Metrik kommt eine physikalische Bedeutung zu. Damit war eine Grundlage für die allgemeine Relativitätstheorie geschaffen. Es mußten aber noch zwei Probleme gelöst werden:

1. Wenn ein Feldgesetz in der Ausdrucksweise der speziellen Relativitätstheorie gegeben ist, wie läßt sich dasselbe auf den Falleiner Riemann-Metrik übertragen?
2. Wie lauten die Differentialgesetze, welche die Riemann-Metrik (d. h. die gμv) selbst bestimmen?

An diesen Fragen arbeitete ich von 1912 bis 1914 zusammen mit meinem Freund Marcel Grossmann. Wir fanden, daß die mathematischen Methoden zur Lösung des Problems 1 im infinitesimalen Differentialkalkül von Ricci und Levi-Civita bereits fertig vorlagen.

Was das Problem 2 anlangt, so bedurfte es zu dessen Lösung offenbar der invarianten Differentialbildungen zweiter Ordnung aus den $g_{\mu\nu}$. Wir sahen bald, daß diese durch Riemann bereits aufgestellt waren (Tensor der Krümmung). Zwei Jahre vor der Publikation der allgemeinen Relativitätstheorie hatten wir bereits die richtigen Feldgleichungen der Gravitation in Betracht gezogen, aber wir vermochten ihnen ihre physikalische Brauchbarkeit nicht anzusehen. Ich glaubte im Gegenteil zu wissen, daß sie der Erfahrung nicht gerecht werden konnten. Dazu glaubte ich noch auf Grund einer allgemeinen Überlegung zeigen zu können, daß ein bezüglich beliebiger Koordinatentransformationen invariantes Gravitationsgesetz mit dem Prinzip der Kausalität nicht vereinbar sei. Dies waren Irrtümer des Denkens, die mich zwei Jahre überaus harter Arbeit kosteten, bis ich sie endlich Ende 1915 als solche erkannte und den Anschluß an die Tatsachen der astronomischen Erfahrung auffand, nachdem ich reuevoll zu der Riemannschen Krümmung zurückgekehrt war.

Im Lichte bereits erlangter Erkenntnis erscheint das glücklich Erreichte fast wie selbstverständlich, und jeder intelligente Student erfaßt es ohne zu große Mühe. Aber das ahnungsvolle, Jahre währende Suchen im Dunkeln mit seiner gespannten Sehnsucht, seiner Abwechslung von Zuversicht und Ermattung und seinem endlichen Durchbrechen zur Wahrheit, das kennt nur, wer es selber erlebt hat.

Das Raum-, Äther- und Feld-Problem der Physik

Das wissenschaftliche Denken ist eine Fortbildung des vorwissenschaftlichen. Da im letzteren der Raumbegriff bereits eine fundamentale Rolle spielt, so müssen wir mit dem Raumbegriff des vorwissenschaftlichen Denkens beginnen. Da gibt es zwei Betrachtungsweisen von Begriffen, die beide für das Verstehen unentbehrlich sind. Die erste ist die logisch-analytische. Sie beantwortet die Frage: wie hängen die Begriffe und Urteile voneinander ab? Bei ihrer Beantwortung stehen wir auf relativ sicherem Boden. Es ist die Sicherheit, die uns bei der Mathematik soviel Achtung einflößt. Diese Sicherheit aber ist durch inhaltliche Leerheit erkauft. Inhalt erlangen die Begriffe erst dadurch, daß sie – wenn auch noch so mittelbar – mit den Sinneserlebnissen verknüpft sind. Diese Verknüpfung aber kann keine logische Untersuchung aufdecken; sie kann nur erlebt werden. Und doch bestimmt gerade diese Verknüpfung den Erkenntniswert der Begriffssysteme.

Beispiel: Ein Archäologe einer späteren Kultur findet ein Lehrbuch der euklidischen Geometrie ohne Figuren. Er wird herausfinden, wie die Worte Punkt, Gerade, Ebene in den Sätzen gebraucht sind. Er wird auch erkennen, wie letztere auseinander abgeleitet sind. Er wird sogar selbst neue Sätze nach den erkannten Regeln aufstellen können. Aber das Bilden der Sätze wird für ihn ein leeres Wortspiel bleiben, solange er sich unter Punkt, Gerade, Ebene usw. nicht »etwas denken kann«. Erst wenn dies der Fall ist, erhält für ihn die Geometrie einen eigentlichen Inhalt. Analog wird es ihm mit der analytischen Mechanik gehen, überhaupt mit Darstellungen logisch-deduktiver Wissenschaften.

Was meint dies »sich unter Gerade, Punkt, schneiden usw. etwas denken können«? Es bedeutet das Aufzeigen der sinnlichen Erlebnisinhalte, auf die sich jene Worte beziehen. Dies außerlogische Problem bildet das Wesensproblem, das der Archäologe nur intuitiv wird lösen können, indem er seine Erlebnisse durchmustert und nachsieht, ob er da etwas entdecken kann, was jenen Urworten der Theorie und den für sie aufgestellten Axiomen entspricht. In diesem Sinn allein kann vernünftigerweise die Frage nach dem Wesen eines begrifflich dargestellten Dinges sinnvoll gestaltet werden.

Bei vorwissenschaftlichen Begriffen unseres Denkens befinden wir uns nun bezüglich der Wesensfrage beinahe in der Lage jenes Archäologen. Wir haben sozusagen vergessen, welche Züge der Erlebniswelt uns zur Bildung jener Begriffe veranlaßt haben, und wir haben große Schwierigkeiten, uns die Erlebniswelt ohne die Brille der altgewohnten begrifflichen Interpretation zu vergegenwärtigen. Es besteht ferner die Schwierigkeit, daß unsere Sprache mit Worten operieren muß, die mit jenen ursprünglichen Begriffen unlösbar verknüpft sind. Dies sind die Hindernisse, die sich uns auch in den Weg stellen, wenn wir das Wesen des vorwissenschaftlichen Raumbegriffes darlegen wollen.

Bevor wir uns dem Raumproblem zuwenden, zuerst eine Behauptung über Begriffe überhaupt: Begriffe beziehen sich auf Sinneserlebnisse, aber sie sind niemals in logischem Sinn aus diesen ableitbar. Aus diesem Grunde habe ich die Frage nach dem a priori im Sinne Kants niemals begreifen können. Es kann sich bei Wesensfragen immer nur darum handeln, jene Charaktere der Komplexe der Sinneserlebnisse herauszusuchen, auf welche sich die Begriffe beziehen.

Was nun den Raumbegriff angeht, so scheint ihm derjenige des körperlichen Objektes vorangehen zu müssen. Die Beschaffenheit von Komplexen und Sinneseindrücken, die jenen Begriff veranlaßt haben mag, ist oft dargelegt worden. Das Entsprechen von gewissen Gesichts- und Tasteindrücken, kontinuierliche Verfolgbarkeit durch die Zeit, Wiederholbarkeit der Eindrücke zu beliebiger Zeit (Tasten, Anschauen) sind einige dieser Merkmale. Ist anhand so angedeuteter Erlebnisse der Begriff des körperlichen Objektes einmal gebildet – welcher Begriff keineswegs den des Raumes oder der räumlichen Beziehung voraussetzt –, so muß das Bedürfnis, die Beziehungen derartiger körperlicher Objekte zueinander gedanklich zu erfassen, notwendig zu Begriffen Veranlassung geben, die ihren räumlichen Beziehungen entsprechen. Zwei körperliche Objekte können einander berühren oder voneinander entfernt sein. In letzterem Fall kann man, ohne an ihnen etwas zu ändern, einen dritten Körper dazwischenlegen, im ersteren nicht. Diese räumlichen Beziehungen sind offenbar im gleichen Sinne real wie die Körper selbst. Sind zwei Körper für das Auffüllen eines derartigen Zwischenraumes gleichwertig, so erweisen sie sich auch für das Ausfüllen anderer Zwischenräume als gleichwertig. Der Zwischenraum erweist sich so als von der besonderen Wahl des ausfüllenden Körpers unabhängig; dasselbe gilt ganz allgemein von räumlichen Beziehungen. Daß diese Unabhängigkeit, die eine hauptsächliche Vorbedingung für die Nützlichkeit der Bildung rein geometrischer Begriffe darstellt, nicht a priori notwendig ist, ist evident. Es scheint mir, daß dieser von der besonderen Wahl des ausfüllenden Körpers losgelöste Begriff des Zwischenraumes der Ausgangspunkt für den Raumbegriff überhaupt ist.

Vom Sinneserlebnis aus betrachtet scheint also nach diesen kurzen Andeutungen die Entwicklung des Raumbegriffes an folgendes Schema gebunden zu sein: körperliches Objekt; Lagebeziehungen körperlicher Objekte; Zwischenraum; Raum. Der Raum erscheint bei dieser Betrachtungsweise als etwas in demselben Sinne Reales wie die körperlichen Objekte.

Es ist klar, daß in der außerwirtschaftlichen Begriffswelt der Begriff des Raumes als eines realen Dinges wohl vorhanden war. Die Mathematik Euklids aber kannte diesen Begriff als solchen nicht, sondern behalf sich ausschließlich mit den Begriffen Objekt, Lagebeziehungen zwischen Objekten. Punkt, Ebene, Gerade, Strecke sind die idealisierten körperlichen Objekte. Alle Lagebeziehungen werden auf solche der Berührung (Schneiden von Geraden, Ebenen, Liegen von Punkten auf Geraden usw.) zurückgeführt. Der Raum als Kontinuum kommt im Begriffssystem überhaupt nicht vor. Dieser Begriff wurde erst durch Descartes eingeführt, indem er den Raumpunkt durch seine Koordinaten beschrieb. Erst hier erscheinen die geometrischen Gebilde gewissermaßen als Teile des unendlichen Raumes, der als dreidimensionales Kontinuum aufgefaßt wird.

Die große Überlegenheit der Descartesschen Behandlung des Raumes liegt keineswegs nur darin, daß sie die Analysis in den Dienst der Geometrie stellt. Der Hauptpunkt scheint vielmehr folgender zu sein: Die Geometrie der Griechen bevorzugt besondere Gebilde (Gerade, Ebene) in der geometrischen Beschreibung; andere Gebilde (z. B. die Ellipse) sind ihr nur dadurch zugänglich, daß sie jene Gebilde mit Hilfe der Gebilde Punkt, Gerade und Ebene konstruiert bzw. definiert. In der Descartesschen Behandlung dagegen sind z. B. alle Flächen im Prinzip gleichwertig vertreten, ohne willkürliche Bevorzugung der linearen Gebilde im Aufbau der Geometrie.

Insofern die Geometrie als die Lehre von den Gesetzmäßigkeiten der gegenseitigen Lagerung praktisch starrer Körper aufgefaßt wird, ist sie als der älteste Zweig der Physik anzusehen. Diese Lehre vermochte – wie schon bemerkt wurde – ohne den Raumbegriff als solchen auszukommen, indem sie mit den idealen Körpergebilden Punkt, Gerade, Ebene, Strecke auskommen konnte. Hingegen hatte die Newtonsche Physik das Raumganze im Sinne Descartes' unbedingt nötig. Die Dynamik kommt nämlich mit den Begriffen Massenpunkt, zeitlich variable Entfernung zwischen Massenpunkten nicht aus. In den Newtonschen Bewegungsgleichungen spielt nämlich der Begriff der Beschleunigung eine fundamentale Rolle, die durch die zeitlich variablen Punktabstände allein nicht definiert werden kann. Newtons Beschleunigung ist nur als Beschleunigung gegen das Raumganze zu denken bzw. zu definieren. Zur geometrischen Realität der Raumbegriffe trat also eine neue, trägheitsbestimmende Funktion des Raumes hinzu. Wenn Newton den Raum als absolut erklärte, so meinte er wohl diese reale Bedeutung des Raumes, die es für ihn mit sich brachte, daß er seinem Raum einen ganz bestimmten Bewegungszustand zuschreiben mußte, der allerdings durch die Phänomene der Mechanik nicht völlig bestimmt schien. Absolut war dieser Raum noch in einem zweiten Sinne gedacht: seine trägheitsbestimmende Wirkung war selbständig, d. h. unbeeinflußbar durch irgendwelche physikalische Umstände gedacht; er wirkte auf die Massen, aber nichts wirkte umgekehrt auf ihn ein.

Und doch blieb der Raum im Bewußtsein der Physiker bis in die jüngste Zeit ausschließlich das passive Gefäß allen Geschehens, das am physikalischen Geschehen selbst keinen Anteil hatte. Eine neue Wendung nahm die Begriffsbildung erst mit der Undulationstheorie des Lichtes und der Faraday-Maxwellschen Theorie des elektromagnetischen Feldes. Es wird offenbar, daß es im körperfreien Raum undulatorisch sich ausbreitende Zustände sowie lokalisierte Felder gibt, die auf dorthin gebrachte elektrische Massen bzw. magnetische Pole Kraftwirkungen auszuüben vermögen. Da es den Physikern des 19. Jahrhunderts völlig absurd erschienen wäre, dem Raum selbst physikalische Funktionen bzw. Zustände zuzuschreiben, so konstruierte man sich ein den ganzen Raum durchdringendes Medium, den Äther, nach dem Modell der ponderabeln Materie, das Träger der elektromagnetischen und damit auch der Lichtvorgänge sein sollte. Die Zustände dieses Mediums, das die elektromagnetischen Felder sein sollten, dachte man sich zunächst mechanisch nach Art der elastischen Deformationen der festen Körper. Der Ausbau dieser mechanischen Äthertheorie wollte aber nicht völlig gelingen, so daß man sich langsam daran gewöhnte, auf eine nähere Interpretation der Natur der Ätherfelder zu verzichten. So ward aus dem Äther eine Materie, deren einzige Funktion darin bestand, daß sie als Träger der ihrer Natur nach nicht weiter analysierbaren elektrischen Felder diente. Das Bild war also dieses: den Raum erfüllt der Äther, und in diesem schwimmen die materiellen Korpuskeln bzw. Atome der ponderabeln Materie; die atomistische Struktur der letzteren war nämlich zur Zeit der Jahrhundertwende bereits ein sicheres Ergebnis der Forschung geworden.

Da die Wechselwirkung der Körper durch die Felder erfolgen sollte, so mußte es auch noch ein Gravitationsfeld im Äther geben, dessen Feldgesetz aber um jene Zeit keine deutliche Form annahm. Der Äther galt nur als der Sitz aller über den Raum hinweg sich geltend machenden Kraftwirkungen. Seitdem man erkannt hatte, daß bewegte elektrische Massen ein magnetisches Feld erzeugen, dessen Energie ein Modell für die Trägheit abgab, erschien auch die Trägheit als eine im Äther lokalisierte Feldwirkung.

Dunkel waren zunächst die mechanischen Eigenschaften des Äthers. Da kam H.A. Lorentz' große Erkenntnis. Alle damals bekannten Phänomene des Elektromagnetismus ließen sich deuten auf Grund zweier Annahmen: der Äther sitzt fest am Raum, d.h. er kann sich überhaupt nicht bewegen. Die Elektrizität sitzt fest auf den beweglichen Elementarteilchen. Man kann heute seine Erkenntnis so aussprechen: physikalischer Raum und Äther sind nur verschiedene Ausdrücke für ein und dieselbe Sache; Felder sind physikalische Zustände des Raumes. Denn wenn dem Äther kein besonderer Bewegungszustand zukommt, so scheint kein Grund dafür vorzuliegen, ihn neben dem Raum als ein Wesen besonderer Art einzuführen. Eine solche Denkweise lag aber den Physikern noch fern. Denn ihnen galt nach wie vor der Raum als ein starres, homogenes Etwas, das keiner Veränderung bzw. Zustände fähig war. Nur Riemanns Genie, unverstanden und einsam, rang sich schon um die Mitte des vorigen Jahrhunderts zur Auffassung eines neuen Raumbegriffes durch, nach welchem dem Raum seine Starrheit abgesprochen und seine Anteilnahme am physikalischen Geschehen als möglich erkannt wurde. Diese gedankliche Leistung ist um so bewunderungswürdiger, als sie der Faraday-Maxwellschen Feldtheorie der Elektrizität voranging. Nun kam die spezielle Relativitätstheorie mit ihrer Erkenntnis der physikalischen Gleichwertigkeit aller Inertialsysteme. Im Zusammenhang mit der Elektrodynamik bzw. dem Gesetz der Lichtausbreitung ergab sich die Untrennbarkeit von Raum und Zeit. Bis dahin war nämlich stillschweigende Voraussetzung, daß das vierdimensionale Kontinuum des Geschehens in objektiver Weise sich in Zeit und Raum spalten lasse, d. h. daß dem »Jetzt« in der Welt des Geschehens eine absolute Bedeutung zukomme. Mit der Erkenntnis der Relativität der Gleichzeitigkeit wurden Raum und Zeit in ähnlicher Weise zu einem einheitlichen Kontinuum verschmolzen, wie vorher die drei räumlichen Dimensionen zu einem einheitlichen Kontinuum verschmolzen worden waren. Der physikalische Raum wurde so zu einem vierdimensionalen Raum ergänzt, der auch die zeitliche Dimension erhält. Der vierdimensionale Raum der speziellen Relativitätstheorie ist ebenso starr und absolut wie der Raum Newtons.

Die Relativitätstheorie ist ein schönes Beispiel für den Grundcharakter der modernen Entwicklung der Theorie. Die Ausgangshypothesen werden nämlich immer abstrakter, erlebnisferner. Dafür aber kommt man dem vornehmsten wissenschaftlichen Ziele näher, mit einem Mindestmaß von Hypothesen oder Axiomen ein Maximum von Erlebnisinhalten durch logische Deduktion zu umspannen. Dabei wird der gedankliche Weg von den Axiomen zu den Erlebnisinhalten bzw. zu den prüfbaren Konsequenzen ein immer längerer, subtilerer. Immer mehr ist der Theoretiker gezwungen, sich von rein mathematischen, formalen Gesichtspunkten beim Suchen der Theorien leiten zu lassen, weil die physikalische Erfahrung des Experimentators nicht zu den Gebieten der höchsten Abstraktion emporzuführen vermag. An die Stelle vorwiegend induktiver Methoden der Wissenschaft, wie sie dem jugendlichen Stande der Wissenschaft entsprechen, tritt die tastende Deduktion. Ein solches theoretisches Gebäude muß schon weit ausgearbeitet sein, um zu Folgerungen zu führen, die sich mit der Erfahrung vergleichen lassen. Gewiß ist auch hier die Erfahrungstatsache die allmächtige Richterin. Aber ihr Spruch kann erst auf Grund großer und schwieriger Denkarbeit erfolgen, die erst den weiten Raum zwischen den Axiomen und den prüfbaren Folgerungen überbrückt hat. Diese Riesenarbeit muß der Theoretiker leisten in dem klaren Bewußtsein, daß dieselbe vielleicht nur das Todesurteil seiner Theorie vorzubereiten berufen ist. Man soll den Theoretiker, der solches unternimmt, nicht tadelnd einen Phantasten nennen; man muß ihm vielmehr das Phantasieren zubilligen, da es für ihn einen anderen Weg zum Ziel überhaupt nicht gibt. Es ist allerdings kein planloses Phantasieren, sondern ein Suchen nach den logisch einfachsten Möglichkeiten und ihren Konsequenzen. Diese captatio benevolentiae war nötig, um den Zuhörer oder Leser geneigter zu machen, den nun folgenden Ideengang mit Interesse zu verfolgen; es ist der Gedankengang, der von der speziellen zur allgemeinen Relativitätstheorie und von da zu ihrem letzten Sproß, der einheitlichen Feldtheorie, geführt hat. Bei dieser Darlegung läßt sich der Gebrauch mathematischer Symbole allerdings nicht ganz vermeiden.

Wir beginnen mit der speziellen Relativitätstheorie. Diese gründet sich noch direkt auf ein empirisches Gesetz, jenem der Konstanz der Lichtgeschwindigkeit. Sei P ein Punkt im Vakuum, P' ein um die Strecke $d\sigma$ entfernter unendlich benachbarter. In P gehe zur Zeit t ein Lichtimpuls aus und gelange nach P' zur Zeit t + dt. Dann ist

$$d\sigma^2 = c^2 dt^2.$$

Sind dx_1, dx_2, dx_3 die orthogonalen Projektionen von $d\sigma$, und führt man die imaginäre Zeitkoordinate $\sqrt{-1}\, ct = x_4$ ein, so nimmt obiges Gesetz von der Konstanz der Lichtausbreitung die Form an:

$$ds^2 = dx_1^2 + dx_2^2 + dx_3^2 + dx_4^2 = 0$$

Da diese Formel einen realen Sachverhalt ausdrückt, so wird man der Größe ds eine reale Bedeutung zuschreiben dürfen, auch dann, wenn die benachbarten Punkte des vierdimensionalen Kontinuums so gewählt sind, daß das zugehörige ds nicht verschwindet. Dies drückt man etwa so aus, daß man sagt: der vierdimensionale Raum (mit imaginärer Zeitkoordinate) der speziellen Relativitätstheorie besitzt eine euklidische Metrik.

Daß man eine solche Metrik eine euklidische nennt, hängt mit folgendem zusammen: Die Setzung einer solchen Metrik in einem dreidimensionalen Kontinuum ist der Setzung der Axiome der euklidischen Geometrie völlig äquivalent. Die Definitionsgleichung der Metrik ist dabei nichts anderes als der auf der Koordinatendifferentiale angewandte pythagoreische Lehrsatz.

In der speziellen Relativitätstheorie sind nun solche Änderungen der Koordinaten (durch eine Transformation) gestattet, da auch in den neuen Koordinaten die Größe ds^2 (Fundamentalinvariante) sich in den neuen Koordinatendifferentialen durch die Summe der Quadrate ausdrückt. Solche Transformationen heißen Lorentz-Transformationen.

Die heuristische Methode der speziellen Relativitätstheorie ist durch folgenden Satz gekennzeichnet: es sind nur solche Gleichungen als Ausdruck von Naturgesetzen zulässig, die bei Koordinatenänderung durch Anwendung einer Lorentz-Transformation ihre Gestalt nicht ändern (Kovarianz der Gleichungen gegenüber Lorentz-Transformationen).

Durch diese Methode wurde die notwendige Verknüpfung von Impuls und Energie, von elektrischer und magnetischer

Feldstärke, von elektrostatischen und elektrodynamischen Kräften, von träger Masse und Energie erkannt und dadurch die Zahl der selbständigen Begriffe und Grundgleichungen der Physik vermindert.

Diese Methode wies über sich selbst hinaus: Ist es wahr, daß die die Naturgesetze ausdrückenden Gleichungen nur gegenüber Lorentz-Transformationen kovariant sind, gegenüber anderen Transformationen aber nicht? – Nun, so formuliert hat die Frage eigentlich keinen Sinn, da ja jedes Gleichungssystem in allgemeinen Koordinaten ausgedrückt werden kann. Man muß fragen: Sind nicht die Naturgesetze so beschaffen, daß sie durch die Wahl irgendwelcher besonderer Koordinaten keine wesentliche Vereinfachung erfahren?

Daß unser Erfahrungssatz von der Gleichheit der trägen und schweren Masse es nahelegt, auf diese Frage mit ja zu antworten, sei nur beiläufig erwähnt. Erhebt man die Äquivalenz aller Koordinatensysteme für die Formulierung der Naturgesetze zum Prinzip, so gelangt man zur allgemeinen Relativitätstheorie, wenn man am Satz der Konstanz der Lichtgeschwindigkeit bzw. an der Hypothese von der objektiven Bedeutung der euklidischen Metrik wenigstens für unendlich kleine Teile des vierdimensionalen Raumes festhält.

Dies bedeutet, daß für endliche Gebiete des Raumes die (physikalisch sinnvolle) Existenz einer allgemeinen Riemannschen Metrik vorausgesetzt wird gemäß der Formel

$$ds^2 = \sum_{\mu\nu} g_{\mu\nu}\, dx^{\mu}\, dx^{\nu},$$

wobei die Summation über alle Indexkombinationen von 11 bis 44 zu erstrecken ist.

Die Struktur eines solchen Raumes unterscheidet sich in einer Beziehung ganz prinzipiell von der eines euklidischen

Raumes. Es sind nämlich die Koeffizienten $g_{\mu\nu}$ einstweilen beliebige Funktionen der Koordinaten x_1 bis x_4, und die Struktur des Raumes ist erst dann wirklich bestimmt, wenn diese Funktionen $g_{\mu\nu}$ wirklich bekannt sind. Man kann auch sagen: die Struktur eines solchen Raumes ist an sich völlig unbestimmt. Näher bestimmt wird sie erst dadurch, daß Gesetze angegeben werden, denen das metrische Feld der $g_{\mu\nu}$ genügt. Aus physikalischen Gründen bestand dabei die Überzeugung, daß das metrische Feld zugleich das Gravitationsfeld sei.

Da das Gravitationsfeld durch die Konfiguration von Massen bestimmt ist und mit diesem wechselt, so ist auch die geometrische Struktur dieses Raumes von physikalischen Faktoren abhängig. Der Raum ist also gemäß dieser Theorie – genau wie es Riemann geahnt hatte – kein absoluter mehr, sondern seine Struktur hängt von physikalischen Einflüssen ab. Die (physikalische) Geometrie ist keine isolierte, in sich geschlossene Wissenschaft mehr wie die Geometrie Euklids.

Das Problem der Gravitation war so auf ein mathematisches Problem reduziert: es sollen die einfachsten Bedingungsgleichungen gesucht werden, die beliebigen Koordinatentransformationen gegenüber konvariant sind. Dies ist ein wohlumgrenztes Problem, das sich wenigstens lösen ließ.

Über die Bestätigung dieser Theorie durch die Erfahrung will ich hier nicht reden, sondern sogleich dartun, warum sich die Theorie mit diesem Erfolg nicht endgültig zufriedengeben konnte. Die Gravitation war zwar auf die Raumstruktur zurückgeführt, aber es gibt doch außer dem Gravitationsfeld noch das elektromagnetische Feld. Dieses mußte zunächst als ein von der Gravitation unabhängiges Gebilde in die Theorie eingeführt werden. In die Bedingungsgleichung für das Feld mußten additiv Glieder aufgenommen werden, die der Existenz des elektromagnetischen Feldes gerecht wurden. Es war aber für den theoretischen Geist der Gedanke unerträglich, daß es zwei voneinander unabhängige Strukturen des Raumes gäbe, nämlich die metrisch-gravitationelle und die elektromagnetische. Es drängt sich die Überzeugung auf, daß beide Feldarten einer einheitlichen Struktur des Raumes entsprechen müßten.

Johannes Kepler

Gerade in so sorgenschwerer und bewegter Zeit wie der unsrigen, in der es schwer ist, Freude zu hegen an den Menschen und an der Entwicklung der menschlichen Dinge, ist es besonders tröstlich, eines so überragenden, stillen Menschen wie Keplers zu gedenken. Er lebte in einer Zeit, in der das Bestehen einer allgemeinen Gesetzlichkeit des Naturablaufes noch keineswegs gesichert war. Wie groß mußte sein Glaube an die Gesetzlichkeit sein, daß er ihn mit der Kraft zu erfüllen vermochte, der empirischen Erforschung der Planetenbewegung und der mathematischen Gesetzmäßigkeiten dieser Bewegung Jahrzehnte geduldiger, schwerer Arbeit zu opfern, als ein Einsamer, von niemand Gestützter und wenig Verstandener! Wenn wir dies Andenken würdig ehren wollen, so müssen wir uns sein Problem und die Etappen von dessen Lösung möglichst deutlich vor Augen stellen.

Kopernikus hatte den besten Köpfen die Augen darüber geöffnet, daß ein klares Begreifen der scheinbaren Bewegungen der Planeten am Himmel dadurch am besten zu gewinnen war, daß man diese Bewegungen als Umlaufbewegungen der Planeten um die ruhend gedachte Sonne auffaßte. Wäre die Bewegung eines Planeten eine gleichmäßige Bewegung in einem Kreis um die Sonne als Mittelpunkt, so wäre es verhältnismäßig leicht gewesen, herauszufinden, wie diese Bewegungen von der Erde aus aussehen müssen. Da aber viel kompliziertere Erscheinungen vorlagen, so war die Aufgabe weit schwieriger. Es galt, jene Bewegungen zuerst einmal empirisch aus den Planetenbeobachtungen Tycho de Brahes zu ermitteln. Dann erst konnte daran gedacht werden, die allgemeinen Sätze zu finden, denen diese Bewegungen genügen.

Um zu erfassen, wie schwierig schon die Aufgabe der Ermittlung der faktischen Umlaufbewegungen war, muß man sich folgendes klarmachen: Man sieht nie, wo sich ein Planet zu einer bestimmten Zeit wirklich befindet, sondern nur, in welcher Richtung er von der Erde aus jeweilen gesehen wird, welch letztere aber selber eine Bewegung von unbekannter Art um die Sonne beschreibt. Die Schwierigkeiten scheinen also so gut wie unüberwindlich!

Kepler mußte einen Weg finden, um in dieses Chaos Ordnung zu bringen. Zunächst erkannte er, daß zuerst versucht werden müßte, die Bewegung der Erde selbst zu ermitteln. Dies würde einfach unmöglich gewesen sein, wenn es nur Sonne, Erde und Fixsterne gäbe, aber keine sonstigen Planeten. Man könnte dann nämlich nichts anderes empirisch feststellen, als wie sich die Richtung der Verbindungsgerade Sonne-Erde im Laufe des Jahres ändert (scheinbare Bewegung der Sonne gegen die Fixsterne). Man konnte so erfahren, daß diese Richtungen alle in einer gegen die Fixsterne festen Ebene lagen, wenigstens mit der damals erzielten Genauigkeit der Beobachtungen, die ja ohne Fernrohr gewonnen waren. Auch wäre so zu ermitteln, in welcher Weise die Verbindungslinie Sonne-Erde um die Sonne rotiert. Es ergab sich, daß die Winkelgeschwindigkeit dieser Bewegung im Laufe des Jahres sich gesetzmäßig ändert. Dies half nicht viel, da man noch nicht wußte, wie sich die Distanz Sonne-Erde im Laufe des Jahres ändert. Erst wenn die Veränderungen dieser Distanz während des Jahres bekannt waren, war die wahre Gestalt der Erdbahn bekannt sowie die Art, wie die Bahn durchlaufen wurde.

Aus diesem Dilemma fand Kepler einen wunderbaren Ausweg. Zunächst folgte aus den Sonnenbeobachtungen, daß der scheinbare Weg der Sonne am Fixsternhintergrund zwar zu verschiedenen Jahreszeiten verschieden rasch war, daß die Winkelgeschwindigkeit dieser Bewegung aber zu derselben Zeit des astronomischen Jahres stets dieselbe war, daß also die Drehgeschwindigkeit der Verbindungsgeraden Erde-Sonne stets gleich groß war, wenn sie nach derselben Fixsterngegend zeigte. Es durfte deshalb angenommen werden, daß die Erdbahn eine in sich geschlossene sei, die jährlich immer in gleicher Weise von der Erde zurückgelegt wurde. Dies war keineswegs a priori selbstverständlich. Für die Anhänger des kopernikanischen Systems war es also so gut wie sicher, daß dies auch für die Bahnen der übrigen Planeten gelten mußte.

Dies war gewiß eine Erleichterung. Aber wie nun die wahre Gestalt der Erdbahn ermitteln? Man denke sich irgendwo in der Ebene der Erdbahn eine hell leuchtende Laterne M, von der wir wüßten, daß sie ihre Lage dauernd beibehielte, daß sie also für die Bestimmung der Erdbahn eine Art festen Triangulationspunkt bildete, den die Erdbewohner zu jeder Jahreszeit anvisieren könnten. Diese Laterne M sei weiter von der Sonne weg als die Erde. Mit Hilfe einer solchen Laterne war die Erdbahn zu bestimmen, und zwar wie folgt:

Zunächst gibt es in jedem Jahr einen Zeitpunkt, in dem die Erde E genau auf der Verbindungslinie zwischen der Sonne S und der Laterne M liegt. Visiert man in diesem Zeitpunkt von der Erde E aus nach der Laterne M, so ist diese Richtung zugleich auch die der Verbindung S M (Sonne-Laterne). Letztere denke man sich am Himmelsgewölbe markiert. Nun stelle man sich die Erde an einem anderen Ort und zu einer anderen Zeit vor! Da man von der Erde aus sowohl die Sonne S als auch die Laterne M sehen könnte, wäre im Dreieck S E M der Winkel bei E bekannt. Man hat aber auch durch direkte Sonnenbeobachtung die Richtung S E gegenüber dem Fixsternhimmel, während früher ein für allemal die Richtung der Verbindungslinie S M gegenüber dem Fixsternhimmel ermittelt war. Man kennt jedoch im Dreieck S E M auch den Winkel bei S. Man kann also von der auf einem Papier willkürlich angenommenen Standlinie S M aus vermöge der Kenntnis der beiden Winkel bei E und S das Dreieck S E M konstruieren. Diese Konstruktion könnte man während des Jahres oft machen und erhielte auf dem Zeichnungsblatt jedesmal einen Erdort E mit zugehörigem Zeitdatum in seiner Lage gegenüber der ein für allemal festgehaltenen Standlinie S M. Die Erdbahn wäre somit empirisch ermittelt, bis auf ihre absolute Größe, versteht sich.

Aber – werdet Ihr sagen – woher nahm Kepler die Laterne M? Diese lieferte ihm sein Genie und die in diesem Fall gütige Natur. Da gab es nämlich beispielsweise den Planeten Mars, und man wußte, wie lange das Marsjahr währte, d. h. ein Umlauf des Mars um die Sonne. Einmal mag es sich ereignen, daß Sonne, Erde und Mars recht genau in gerader Linie liegen. Dieser Marsort wiederholt sich jedesmal nach einem, zwei usw. Marsjahren, weil ja der Mars eine geschlossene Bahn durchläuft. In diesen bekannten Zeitmomenten bietet also S M immer wieder dieselbe Standlinie dar, während die Erde immer wieder an einem anderen Ort ihrer Bahn steht. Die Sonne- und Mars-Beobachtungen in den so hervorgehobenen Zeitpunkten bilden also ein Mittel zur Bestimmung der wahren Erdbahn, indem in jenen Zeitpunkten der Mars die Rolle der oben fingierten Laterne spielt! So fand Kepler die wahre Gestalt der Erdbahn und die Art, wie diese von der Erde durchlau fen wird. Wir später geborenen Menschen, Europäer, Deutsche oder gar noch Schwaben dürfen ihn darob wohl bewundern und preisen.

War nun die Erdbahn empirisch ermittelt, so war zu jeder Zeit die Linie S in ihrer wahren Lage und Größe bekannt, und es war nun nicht mehr gar bitter für Kepler, aus den Planetenbeobachtungen auch die Bahnen und Bewegungen der übrigen Planeten zu berechnen – im Prinzip. Aber eine unermeßliche Arbeit war es doch, zumal bei dem damaligen Stand der Mathematik.

Nun kam der zweite und nicht minder schwierige Teil von Keplers Lebensarbeit: Die Bahnen waren empirisch bekannt, aber ihre Gesetze mußten aus den empirischen Ergebnissen erraten werden. Zuerst eine Vermutung über die mathematische Natur der Bahnkurve aufstellen und dann am ungeheuren Zahlenmaterial prüfen! Wenn's nicht stimmte, eine andere Hypothese ausklügeln und wieder nachprüfen! Nach ungeheurem Suchen stimmte es bei der Annahme: die Bahn ist eine Ellipse; die Sonne sitzt in einem Brennpunkt. Er fand auch das Gesetz, nach dem die Geschwindigkeit sich während des Umlaufs ändert; derart, daß die Verbindung Sonne-Planet in gleichen Zeiten gleiche Flächen durchläuft. Endlich fand er auch, daß die Quadrate der Umlaufszeiten sich verhalten wie die dritten Potenzen der großen Ellipsenachsen.

Zur Bewunderung für diesen herrlichen Mann gesellt sich noch ein anderes Gefühl der Bewunderung und Ehrfurcht, das aber keinem Menschen gilt, sondern der rätselhaften Harmonie der Natur, in die wir hineingeboren sind. Die Menschen erdachten schon im Altertum die Linien denkbar einfachster Gesetzmäßigkeiten. Darunter waren neben der geraden Linie und dem Kreis in erster Linie Ellipse und Hyperbel. Diese letzteren Formen sehen wir in den Bahnen der Himmelskörper realisiert – wenigstens mit großer Annäherung.

Es scheint, daß die menschliche Vernunft die Formen erst selbständig konstruieren muß, ehe wir sie in den Dingen nachweisen können. Aus Keplers wunderbarem Lebenswerk erkennen wir besonders schön, daß aus bloßer Empirie allein die Erkenntnis nicht erblühen kann, sondern nur aus dem Vergleich von Erdachtem mit dem Beobachteten.

Newtons Mechanik und ihr Einfluß auf die Gestaltung der theoretischen Physik

In diesen Tagen werden es zweihundert Jahre, daß Newton die Augen geschlossen hat. Da ist es uns Bedürfnis, dieses leuchtenden Geistes zu gedenken, der wie kein anderer vor und nach ihm dem abendländischen Denken, Forschen und praktischen Gestalten die Wege gewiesen hat. Er war nicht nur ein genialer Erfinder einzelner führender Methoden, sondern er beherrschte auch das zu seiner Zeit bekannte empirische Material in einzigartiger Weise, und er war wunderbar erfinderisch bezüglich der mathematischen und physikalischen Beweisführung im einzelnen. Aus all diesen Gründen ist er unserer hohen Verehrung würdig. Diese Gestalt bedeutet aber dadurch noch mehr, als es der ihr eigenen Meisterschaft entspricht, daß sie vom Schicksal an einen Wendepunkt der Geistesentwicklung gestellt wurde. Um dies lebhaft zu sehen, müssen wir uns vergegenwärtigen, daß es vor Newton kein geschlossenes System physischer Kausalität gab, das irgendwie tiefere Züge der Erfahrungswelt wiederzugeben vermochte.

Wohl hatten die großen Materialisten des griechischen Altertums gefordert, daß alles materielle Geschehen auf einen streng gesetzlichen Ablauf von Atombewegungen zurückgeführt werden solle, ohne daß dabei von lebendigen Geschöpfen Gewolltes als selbständige Ursache auftritt. Wohl hatte Descartes in seiner Weise dies Ziel wieder aufgegriffen. Aber dies blieb ein kühner Wunsch, das problematische Ideal einer Philosophenschule. Tatsächliche Erfolge, die das Vertrauen in die Existenz einer lückenlosen physikalischen Kausalität hätte stützen können, existierten vor Newton kaum.

Newtons Ziel war die Beantwortung der Frage: Gibt es eine einfache Regel, nach der man die Bewegung der Himmelskörper unseres Planetensystems vollständig berechnen kann, wenn der Bewegungszustand aller dieser Körper in einem Zeitpunkt bekannt ist? Keplers aus Tycho Brahes Beobachtungen ermittelte empirische Gesetze über die Planetenbewegung lagen vor und forderten zu einer Deutung heraus. Jeder weiß heute, was für ein Bienenfleiß dazu gehörte, diese Gesetze aus den empirisch ermittelten Bahnen zu finden. Aber wenige überlegen sich die geniale Methode, nach der Kepler die wahren Bahnen aus den scheinbaren, d. h. aus von der Erde aus beobachteten Richtungen ermittelte. Diese Gesetze gaben zwar eine vollständige Antwort darauf, wie sich die Planeten um die Sonne bewegen: Ellipsenform der Bahn, gleiche Radienflächen in gleichen Zeiten, Beziehung zwischen großen Halbachsen und Umlaufszeiten. Aber diese Regeln befriedigen doch nicht das Kausalitätsbedürfnis. Es sind drei logisch voneinander unabhängige Regeln, die jeden inneren Zusammenhang vermissen lassen. Das dritte Gesetz läßt sich zahlenmäßig nicht ohne weiteres auf einen anderen Zentralkörper als die Sonne übertragen (es besteht z. B. keine Beziehung zwischen der Umlaufszeit eines Planeten um die Sonne und zwischen der Umlaufszeit eines Mondes um seinen Planeten). Das wichtigste aber ist: diese Gesetze beziehen sich auf die Bewegung als ganzes und nicht darauf, wie aus einem Bewegungszustand eines Systems der zeitlich unmittelbar folgende hervorgeht; es sind – in unserer heutigen Sprechweise – Integralgesetze und nicht Differentialgesetze.

Das Differentialgesetz ist diejenige Form, die allein das Kausalitätsbedürfnis des modernen Physikers voll befriedigt. Die klare Konzeption des Differentialgesetzes ist eine der größten geistigen Taten Newtons. Nicht nur der Gedanke war nötig, sondern auch ein mathematischer Formalismus, der zwar in Rudimenten vorhanden war, aber eine systematische Form gewinnen mußte. Auch diesen fand Newton in der Differential- und Integralrechnung. Dabei mag unerörtert bleiben, ob Leibniz unabhängig von Newton auf dieselben mathematischen

Methoden gekommen ist oder nicht. Jedenfalls war ihre Entwicklung für Newton eine Notwendigkeit, indem sie zu seinen Gedanken erst die Ausdrucksmittel zu liefern hatten.

Einen bedeutungsvollen Anfang in der Erkenntnis des Bewegungsgesetzes hatte bereits Galilei gemacht. Er fand das Trägheitsgesetz und das Gesetz des freien Falles im Schwerefeld der Erde: eine von andern Massen nicht beeinflußte Masse (genauer: ein materieller Punkt) bewegt sich gleichförmig und in gerader Linie. Die Vertikalgeschwindigkeit eines freien Körpers wächst im Schwerefeld gleichmäßig mit der Zeit. Für uns mag es heute scheinen, daß von Galileis Erkenntnissen bis zum Newtonschen Bewegungsgesetz nur mehr ein kleiner Schritt sei. Es ist jedoch zu bemerken, daß die beiden obigen Aussagen sich der Form nach auf die Bewegung als Ganzes beziehen, während Newtons Bewegungsgesetz eine Antwort auf die Frage gibt: wie äußert sich der Bewegungszustand eines Massenpunktes in einer unendlich kurzen Zeit unter dem Einfluß einer äußeren Kraft? Erst durch Übergang zur Betrachtung des Vorganges während einer unendlich kurzen Zeit (Differentialgesetz) gelangt Newton zu einer Formulierung, die für beliebige Bewegungen gilt. Den Begriff der Kraft entnimmt er aus der bereits hochentwickelten Statik. Verknüpfung der Kraft und Beschleunigung sind ihm nur möglich durch Einführung des neuen Begriffes der Masse, der allerdings merkwürdigerweise durch eine Scheindefinition gestützt wird. Wir sind heute so gewöhnt an die Bildung von Begriffen, die Differentialquotienten entsprechen, daß wir kaum mehr ermessen können, was für ein bedeutendes Abstraktionsvermögen dazu gehörte, um durch einen doppelten Grenzübergang zum allgemeinen Differentialgesetz der Bewegung zu gelangen, wobei noch der Begriff der Masse erfunden werden mußte.

Damit war aber noch lange kein kausales Erfassen von Bewegungsvorgängen gewonnen. Denn durch die Bewegungsgleichung war ja die Bewegung nur dann bestimmt, wenn die Kraft gegeben war. Newton hatte, wohl angeregt durch die Gesetzmäßigkeiten der Planetenbewegung, den Gedanken, daß die auf eine Masse wirkende Kraft bestimmt sei durch die Lage aller Massen, die sich in hinreichend geringer Entfernung von der betrachteten Masse befinden. Erst wenn dieser Zusammenhang bekannt war, war eine restlose kausale Erfassung von Bewegungsvorgängen gewonnen. Wie Newton – ausgehend von den Keplerschen Gesetzen der Planetenbewegung – diese Aufgabe für die Gravitation löste und so die Wesenseinheit der auf die Gestirne wirkenden bewegenden Kräfte und der Schwere auffand, ist allgemein bekannt. Erst die Gemeinschaft

(Bewegungsgesetz) plus (Attraktionsgesetz)

macht das wunderbare Gedankengebäude aus, das aus dem zu einer Zeit herrschenden Zustand eines Systems die früheren und die späteren Zustände zu berechnen gestattet, insoweit die Vorgänge unter der Wirkung der Gravitationskräfte allein stattfinden. Die logische Geschlossenheit des Newtonschen Begriffssystems lag darin, daß als Beschleunigungsursachen der Massen eines Systems nur diese Massen selbst auftreten.

Auf Grund der skizzierten Basis gelang es Newton, die Bewegungen der Planeten, Monde und Kometen bis in feine Einzelheiten zu erklären, ferner die Ebbe und Flut, die Präzisionsbewegung der Erde – eine deduktive Leistung von einzigartiger Großartigkeit. Besonders wunderbar mußte auch die Erkenntnis wirken, daß die Ursache der Bewegungen der Himmelskörper identisch ist mit der uns aus der alltäglichen Erfahrung so geläufigen Schwere.

Die Bedeutung von Newtons Leistung lag aber nicht nur darin, daß sie eine brauchbare und logisch befriedigende Grundlage für die eigentliche Mechanik schuf, sondern sie bildete bis zum Ende des 19. Jahrhunderts das Programm jeglichen theoretisch-physikalischen Forschers. Alles physikalische Geschehen sollte zurückgeführt werden auf Massen, die Newtons Bewegungsgesetzen unterworfen sind. Lediglich das Kraftgesetz mußte erweitert, dem in Betracht kommenden Typus des Geschehens angepaßt werden. Newton selbst versuchte eine Anwendung dieses Programms in der Optik, indem er das Licht als aus trägen Korpuskeln bestehend voraussetzte. Auch die Optik der Undulationstheorie bediente sich des Newtonschen Bewegungsgesetzes, nachdem dasselbe auf kontinuierlich verbreitete Massen angewendet wurde. Auf Newtons Bewegungsgleichungen allein stützte sich die kinetische Theorie der Wärme, die nicht nur die Geister für die Erkenntnis des Gesetzes der Erhaltung der Energie vorbereitete, sondern auch eine in ihren feinsten Zügen bestätigte Theorie der Gase und eine vertiefte Auffassung des Wesens des zweiten Hauptsatzes der Thermodynamik lieferte. Auch die Lehre von Elektrizität und Magnetismus entwickelte sich bis in die moderne Zeit ganz unter der Leitung der Newtonschen Grundideen (elektrische und magnetische Substanz, Fernkräfte). Sogar die Faraday-Maxwellsche Umwälzung der Elektrodynamik und Optik, die den ersten großen prinzipiellen Fortschritt der Grundlagen der theoretischen Physik seit Newton bedeutete, vollzog sich noch ganz unter der Führung Newtonscher Ideen. Maxwell, Boltzmann, Lord Kelvin wurden nicht müde, die elektromagnetischen Felder und deren dynamische Wechselwirkungen zurückzuführen auf mechanische Vorgänge kontinuierlich verteilter hypothetischer Massen. Aber unter dem Einfluß der Fruchtlosigkeit oder doch mindestens der Unfruchtbarkeit jener Bemühungen vollzog sich seit dem Ende des 19. Jahrhunderts allmählich ein Umschwung der Grundanschauungen, ein Hinauswachsen der theoretischen Physik aus dem Newtonschen Rahmen, welcher der Wissenschaft fast zwei Jahrhunderte lang Halt und gedankliche Führung gab.

Newtons Grundprinzipien waren vom logischen Standpunkt derart befriedigend, daß der Anstoß zu Neuerungen aus dem Zwang der Erfahrungstatsachen entspringen mußte. Bevor ich darauf eingehe, muß ich betonen, daß Newton selbst die seinem Gedankengebäude anhaftenden schwachen Seiten besser kannte als die folgenden gelehrten Generationen. Dieser Umstand hat stets meine ehrfürchtige Bewunderung erregt; ich möchte deshalb ein wenig dabei verweilen:

1. Trotzdem man allenthalben das Streben Newtons bemerkt, sein Gedankensystem als durch die Erfahrung notwendig bedingt hinzustellen und möglichst wenige auf Erfahrungsgegenständen nicht unmittelbar beziehbare Begriffe einzuführen, stellte er den Begriff des absoluten Raumes und den der absoluten Zeit auf. Man hat ihm dies in unserer Zeit öfter zum Vorwurf gemacht. Aber gerade in diesem Punkt ist Newton besonders konsequent. Er hatte erkannt, daß die beobachtbaren geometrischen Größen (Abstände der materiellen Punkte voneinander) und deren zeitlicher Verlauf die Bewegungen in physikalischer Beziehung nicht vollständig charakterisieren. An dem berühmten Eimerversuch beweist er diesen Umstand. Es gibt also außer den Massen und ihren zeitlich variablen Abständen noch etwas, das für das Geschehen maßgebend ist; dieses »Etwas« faßt er als die Bezeichnung zum »absoluten Raum« auf. Er erkennt, daß der Raum eine Art physikalischer Realität besitzen muß, wenn seine Bewegungsgesetze einen Sinn haben sollen, eine Realität von derselben Art wie die materiellen Punkte und deren Abstände.

Diese klare Erkenntnis zeigte ebenso Newtons Weisheit wie auch eine schwache Seite seiner Theorie. Denn der logische Aufbau der letzteren wäre gewiß befriedigender ohne diesen schattenhaften Begriff; dann gingen nämlich in die Gesetze nur Gegenstände ein (Massenpunkte, Entfernungen), deren Beziehungen zu den Wahrnehmungen vollkommen klar sind.

2. Die Einführung unvermittelter, instantan wirkender Fernkräfte zur Darstellung von Gravitationswirkungen entspricht nicht dem Charakter der meisten Vorgänge, die uns aus der täglichen Erfahrung bekannt sind. Diesem Bedenken begegnet Newton durch den Hinweis darauf, daß sein Gesetz der Schwere-Wechselwirkung keine letzte Erklärung sein soll, sondern eine aus der Erfahrung induzierte Regel.

3. Newtons Lehre lieferte keine Erklärung für die höchst merkwürdige Tatsache, daß Gewicht und Trägheit eines Körpers durch dieselbe Größe (die Masse) bestimmt werden. Auch die Merkwürdigkeit dieser Tatsache ist Newton aufgefallen.

Keiner dieser drei Punkte hat den Rang eines logischen Einwandes gegen die Theorie. Sie bilden gewissermaßen nur ungestillte Wünsche des nach restloser und einheitlicher gedanklicher Durchdringung des Naturgeschehens ringenden wissenschaftlichen Geistes.

Newtons Bewegungslehre als Programm für die gesamte theoretische Physik aufgefaßt, erfuhr ihre erste Erschütterung durch die Maxwellsche Theorie der Elektrizität. Es zeigte sich, daß die Wechselwirkungen zwischen Körpern durch elektrische und magnetische Körper nicht durch momentan wirkende Fernkräfte erfolgen, sondern durch Vorgänge, die sie mit endlicher Geschwindigkeit durch den Raum fortpflanzen. Es entstand neben dem Massenpunkt und seiner Bewegung nach Faradays Konzeption eine neue Art physikalischer realer Dinge, nämlich das »Feld«. Dieses wurde zunächst in Anlehnung an die mechanische Denkweise als mechanischer (Bewegungs- oder Zwangs-)Zustand eines raumerfüllenden hypothetischen Mediums (des Äthers) aufzufassen gesucht. Als aber trotz hartnäckigster Bemühung diese mechanische Interpretation nicht gelingen wollte, gewöhnte man sich langsam daran, das

»elektromagnetische Feld« als letzten irreduzibeln Baustein der physikalischen Realität aufzufassen. Wir verdanken Heinrich Hertz die bewußte Lösung des Feldbegriffes von allem Beiwerk aus dem Begriffsschatz der Mechanik, H. A. Lorentz die Loslösung des Feldbegriffes von einem materiellen Träger; nach letzterem figurierte als Träger des Feldes nur mehr der physikalische und leere Raum oder Äther, der ja schon in Newtons Mechanik nicht aller physikalischer Funktionen bar gewesen war. Als sich diese Entwicklung vollzogen hatte, glaubte niemand mehr an unvermittelte momentane Fernwirkungen, auch nicht auf dem Gebiet der Gravitation, obschon eine Feldtheorie der letzteren mangels genügendem Tatsachenwissen nicht eindeutig vorgezeichnet war. Die Entwicklung der elektromagnetischen Feldtheorie führte auch – nachdem Newtons Fernkraft-Hypothese verlassen war – zum Versuch, das Newtonsche Bewegungsgesetz elektromagnetisch zu erklären bzw. durch ein genaueres zu ersetzen, das auf die Feldtheorie gegründet war. Obschon diese Bemühungen zu keinem vollen Erfolg führten, so hatten doch die mechanischen Grundbegriffe aufgehört, als fundamentale Bausteine des physikalischen Weltbildes betrachtet zu werden.

Die Maxwell-Lorentzsche Theorie führte mit Notwendigkeit zur speziellen Relativitätstheorie, die zur Vernichtung des absoluten Gleichzeitigkeitsbegriffes die Existenz von Fernkräften ausschloß. Diese Theorie ergab, daß die Masse keine unveränderliche, sondern eine vom Energieinhalt abhängige, ja, mit diesem gleichwertige Größe sei. Sie zeigte auch, daß Newtons Bewegungsgesetz nur als ein für kleine Geschwindigkeiten gültiges Grenzgesetz aufzufassen sei; sie setzte an dessen Stelle ein neues Bewegungsgesetz, in dem die Vakuum-Lichtgeschwindigkeit als Grenzgeschwindigkeit auftritt.

Den letzten Schritt in der Entwicklung des Programmes der Feldtheorie bildete die allgemeine Relativitätstheorie. Sie modifiziert Newtons Theorie quantitativ nur wenig, qualitativ hingegen um so tiefgreifender. Trägheit, Gravitation und metrisches Verhalten der Körper und Uhren wurden auf eine einheitliche Feldqualität zurückgeführt, dies Feld selbst wieder als von den Körpern abhängig gesetzt (Verallgemeinerung des Newtonschen Gravitationsgesetzes bzw. des ihm entsprechenden Feldgesetzes, wie es Poisson formuliert hatte). Damit waren Raum und Zeit zwar nicht ihrer Realität entkleidet, wohl aber ihrer kausalen Absolutheit (beeinflussend, aber nicht beeinflußt), die ihnen Newton zuschreiben mußte, um den damals bekannten Gesetzen Ausdruck verleihen zu können. Das verallgemeinerte Trägheitsgesetz übernimmt die Rolle des Newtonschen Bewegungsgesetzes. Aus dieser kurzen Charakterisierung erhellt schon, wie die Elemente der Newtonschen Theorie in die allgemeine Relativitätstheorie übergingen, wobei die oben genannten drei Mängel überwunden wurden. Es scheint, daß im Rahmen der allgemeinen Relativitätstheorie das Bewegungsgesetz aus dem dem Newtonschen Kraftgesetz entsprechenden Feldgesetz hergeleitet werden kann. Erst nach völliger Erreichung dieses Zieles kann von einer reinen Feldtheorie die Rede sein.

Newtons Mechanik hat noch in einem mehr formalen Sinn der Feldtheorie den Weg bereitet. Die Anwendung von Newtons Mechanik auf die kontinuierlich verteilten Massen führte nämlich mit Notwendigkeit zur Entdeckung und Anwendung der partiellen Differentialgleichungen, die ihrerseits erst die Sprache für die Gesetze der Feldtheorie lieferten. In dieser formalen Beziehung bildet Newtons Konzeption des Differentialgesetzes den ersten entscheidenden Schritt der folgenden Entwicklung.

Die ganze Entwicklung unserer Ideen über das Naturgeschehen, von der bisher die Rede war, könnte als eine organische Fortbildung Newtonscher Gedanken aufgefaßt werden. Aber während die Durchbildung der Feldtheorie noch im vollen Gang war, offenbarten die Tatsachen der Wärmestrahlung, der Spektren, der Radioaktivität usw. eine Grenze der Brauchbarkeit des gesamten Gedankensystems, die uns heute noch trotz gigantischer Erfolge im einzelnen schier unübersteigbar erscheint. Nicht ohne gewichtige Argumente behaupten viele Physiker, daß diesen Tatsachen gegenüber nicht nur das Differentialgesetz, sondern auch noch das Kausalitätsgesetz – bisher das letzte Grundpostulat aller Naturwissenschaft – versagte. Selbst die Möglichkeit einer raumzeitlichen Konstruktion, die dem physikalischen Geschehen eindeutig zugeordnet werden könne, wird geleugnet. Daß ein mechanisches System nur diskreter Energiewerte bzw. Zustände dauernd fähig sei – wie die Erfahrung sozusagen direkt zeigt –, scheint zunächst aus einer Feldtheorie, die mit Differentialgleichungen arbeitet, kaum ableitbar zu sein. Die de Broglie-Schrödingersche Methode, die im gewissen Sinn den Charakter einer Feldtheorie hat, deduziert zwar auf Grund von Differentialgleichungen aus einer Art Resonanzbetrachtung die Existenz nur diskreter Zustände in verblüffender Übereinstimmung mit Erfahrungstatsachen, aber sie muß auf eine Lokalisierung der Massenteilchen und auf streng kausale Gesetze verzichten. Wer sollte so vermessen sein, heute die Frage zu entscheiden, ob Kausalgesetz und Differentialgesetz, diese letzten Prämissen Newtonscher Naturbetrachtung, definitiv verlassen werden müssen?

Maxwells Einfluß auf die Entwicklung der Auffassung des Physikalisch-Realen

Der Glaube an eine vom wahrnehmenden Subjekt unabhängige Außenwelt liegt aller Naturwissenschaft zugrunde. Da die Sinneswahrnehmungen jedoch nur indirekt Kunde von dieser Außenwelt bzw. vom »Physikalisch-Realen« geben, so kann dieses nur auf spekulativem Weg von uns erfaßt werden. Daraus geht hervor, daß unsere Auffassungen vom Physikalisch-Realen niemals endgültige sein können. Wir müssen stets bereit sein, diese Auffassungen, d.h. das axiomatische Fundament der Physik, zu verändern, um den Tatsachen der Wahrnehmungen auf eine logisch möglichst vollkommene Weise gerecht zu werden. In der Tat zeigt ein Blick auf die Entwicklung der Physik, daß dies axiomatische Fundament im Lauf der Zeit tiefgreifende Veränderungen erfahren hat.

Die größte Veränderung des axiomatischen Fundamentes der Physik bzw. unserer Auffassung von der Struktur des Realen seit der Begründung der theoretischen Physik durch Newton wurde durch die Forschungen von Faraday und Maxwell über die elektromagnetischen Erscheinungen herbeigeführt. Dies wollen wir uns im folgenden genauer zu vergegenwärtigen suchen, indem wir auch die frühere und seitherige Entwicklung ins Auge fassen.

Gemäß Newtons System ist das Physikalisch-Reale durch die Begriffe Raum, Zeit, materieller Punkt, Kraft (gleich Wechselwirkung zwischen den materiellen Punkten) gekennzeichnet. Die physikalischen Vorgänge sind nach Newton als gesetzliche Bewegungen der materiellen Punkte im Raum aufzufassen. Der materielle Punkt ist der einzige Repräsentant des Realen, soweit dies veränderlich ist. Zum Begriff des materiellen Punktes gaben offenbar die wahrnehmbaren Körper Veranlassung; man dachte sich den materiellen Punkt als analog den bewegbaren Körpern, indem man von letzteren die Merkmale der Ausdehnung, der Form, der räumlichen Orientierung, aller »inneren« Qualitäten wegließ, nur Trägheit, Translation beibehielt und den Begriff der Kraft hinzufügte. Die materiellen Körper, die die Bildung des Begriffes »materieller Punkt« psychologisch verursachten, mußten nun selbst als System materieller Punkte aufgefaßt werden. Zu beachten ist, daß dieses theoretische System seinem Wesen nach ein atomistisches und ein mechanisches ist. Alles Geschehen sollte mechanisch, d.h. als bloße Bewegungen der materiellen Punkte nach Newtons Bewegungsgesetz aufgefaßt werden.

Die unbefriedigendste Stelle dieses theoretischen Systems lag – abgesehen von der in letzter Zeit wieder erörterten Schwierigkeit des Begriffes des »absoluten Raumes« – hauptsächlich in der Lehre vom Licht, das Newton folgerichtig ebenfalls als aus materiellen Punkten bestehend dachte. Schon damals mußte die Frage brennend gefühlt werden: Was wird aus den das Licht konstituierenden materiellen Punkten, wenn das Licht absorbiert wird? Ferner ist es überhaupt unbefriedigend, materielle Punkte ganz verschiedener Art in die Betrachtung einzuführen, wie sie für die Darstellung der ponderabeln Materie und des Lichtes angenommen werden mußten. Dazu kamen später die elektrischen Korpuskeln als dritte Art mit wieder grundverschiedenen Eigenschaften. Weiter war es eine Schwäche des Fundamentes, daß die für das Geschehen maßgebenden Kräfte der Wechselwirkung willkürlich hypothetisch angenommen werden mußten. Doch diese Auffassung des Realen leistete viel. Wie kam es, daß man sich dazu bewogen fühlte, sie zu verlassen?

Um sein System überhaupt mathematisch gestalten zu können, mußte Newton den Begriff des Differentialquotienten auffinden und die Gesetze der Bewegung in Form von totalen Differentialgleichungen aufstellen – vielleicht der größte gedankliche Schritt, den zu tun einem Menschen je vergönnt war. Partielle Differntialgleichungen waren hierfür nicht nötig, und Newton hat von solchen auch nicht methodisch Gebrauch gemacht. Es waren aber partielle Differentialgleichungen nötig zur Formulierung der Mechanik der deformierbaren Körper; dies hängt damit zusammen, daß bei solchen Problemen die Art und Weise, wie die Körper aus materiellen Punkten konstruiert gedacht werden, zunächst keine Rolle spielte.

So ist die partielle Differentialgleichung als Dienerin in die theoretische Physik gekommen, doch nach und nach ward sie zur Herrscherin. Dies begann im 19. Jahrhundert, als sich unter dem Druck der Beobachtungstatsachen die Undulationstheorie des Lichtes durchsetzte. Das Licht im leeren Raum ward als Schwingungsvorgang des Äthers aufgefaßt, und es mußte als müßig erscheinen, diesen wieder als Konglomerat von materiellen Punkten aufzufassen. Hier erschien zum erstenmal die partielle Differentialgleichung als natürlicher Ausdruck des Elementaren in der Physik. Das kontinuierliche Feld trat so auf einem besonderen Gebiet der theoretischen Physik neben dem materiellen Punkt als Repräsentant des Physikalisch-Realen auf. Dieser Dualismus ist heute nicht verschwunden, so störend er jedem systematischen Geist auch erscheinen muß.

Hatte nun die Idee des Physikalisch-Realen aufgehört, rein atomistisch zu sein, so blieb sie doch zunächst rein mechanisch. Immer noch versuchte man alles Geschehen als Bewegung träger Massen zu deuten, ja, man konnte sich eine andere Auffassungsweise überhaupt nicht denken. Da kam der große Umschwung, der mit den Namen Faraday, Maxwell, Hertz für alle Zeiten verbunden bleiben wird. Den Löwenanteil an dieser Revolution hatte Maxwell. Er zeigte, daß das ganze damalige Wissen vom Licht und von den elektromagnetischen Erscheinungen durch sein bekanntes Doppelsystem von partiellen Differentialgleichungen dargestellt wird, in welchen das elektrische und das magnetische Feld als die abhängigen Variablen auftreten. Zwar suchte Maxwell diese Gleichungen durch mechanische Gedankenkonstruktionen zu begründen bzw. zu rechtfertigen.

Aber er gebrauchte mehrere derartige Konstruktionen nebeneinander und nahm keine derselben wirklich ernst, so daß nur die Gleichungen selbst als das Wesentliche erschienen und die in denselben auftretenden Feldstärken als elementare, nicht auf anderes zurückführbare Wesenheiten. Um die Jahrhundertwende hatte sich die Auffassung vom elektromagnetischen Feld als einer irreduzibeln Wesenheit bereits allgemein durchgesetzt, und die ernsthaften Theoretiker hatten das Vertrauen auf die Berechtigung bzw. die Möglichkeit einer mechanischen Begründung der Maxwellschen Gleichungen aufgegeben. Bald versuchte man sogar umgekehrt, die materiellen Punkte und deren Trägheit mit Hilfe der Maxwellschen Theorie feldtheoretisch zu erklären, welchem Streben allerdings der endgültige Erfolg versagt blieb.

Sieht man ab von den wichtigen besonderen Ergebnissen, welche Maxwells Lebensarbeit auf wichtigen Gebieten der Physik gebracht hat, und richtet man sein Augenmerk auf die Modifikation, welche die Auffassung der Natur des Physikalisch-Realen durch ihn erfahren hat, so kann man sagen: Vor Maxwell dachte man sich das Physikalisch-Reale – soweit es die Vorgänge in der Natur darstellen sollte – als materielle Punkte, deren Veränderungen nur in Bewegungen bestehen, die durch partielle Differentialgleichungen beherrscht sind. Nach Maxwell dachte man sich das Physikalisch-Reale durch nicht mechanisch deutbare, kontinuierliche Felder dargestellt, die durch partielle Differentialgleichungen beherrscht werden. Diese Veränderung der Auffassung des Realen ist die tiefgehendste und fruchtbarste, welche die Physik seit Newton erfahren hat; man muß aber auch zugeben, daß die restlose Realisierung der programmatischen Idee noch keineswegs gelungen ist. Die erfolgreichen physikalischen Systeme, welche seither aufgestellt worden sind, stellen vielmehr Kompromisse zwischen diesen beiden Programmen dar, die eben wegen ihres Kompromißcharakters den Stempel des Vorläufigen und logisch Unvollkommenen tragen, obschon sie im einzelnen große Fortschritte gemacht haben.

Da ist zuerst die Lorentzsche Elektronentheorie zu nennen, in der das Feld und die elektrischen Korpuskeln als gleichwertige Elemente zur Erfassung des Realen nebeneinander auftreten. Es folgte die spezielle und allgemeine Relativitätstheorie, welche – obgleich ganz auf feldtheoretische Erwägungen gegründet – die selbständige Einführung materieller Punkte und totaler Differentialgleichungen bisher nicht vermeiden konnte.

Die letzte, höchst erfolgreiche Schöpfung der theoretischen Physik, die Quantenmechanik, weicht in ihrer Grundlage prinzipiell von den beiden Programmen ab, die wir kurz als das Newtonsche und das Maxwellsche bezeichnen wollen. Denn die in ihren Gesetzen auftretenden Größen erheben nicht den Anspruch darauf, das Physikalisch-Reale selbst zu beschreiben, sondern nur die Wahrscheinlichkeiten für das Auftreten eines ins Auge gefaßten Physikalisch-Realen. Dirac, dem wir die meines Erachtens logisch vollkommenste Darstellung dieser Theorie verdanken, weist mit Recht darauf hin, daß es z. B. nicht leicht sein dürfte, ein Photon so theoretisch zu beschreiben, daß in dieser Beschreibung der zureichende Grund dafür enthalten ist, ob es einen schräg in seinen Weg gestellten Polarisator passieren wird oder nicht.

Dennoch neige ich der Auffassung zu, daß sich die Physiker auf die Dauer mit einer derartigen indirekten Beschreibung des Realen nicht begnügen werden, auch dann nicht, wenn eine Anpassung der Theorie an das Postulat der allgemeinen Relativität in befriedigender Weise gelingen sollte. Dann wird man wohl wieder auf den Versuch der Realisierung desjenigen Programms zurückkommen müssen, das man passend als das Maxwellsche bezeichnen kann: Beschreibung des Physikalisch-Realen durch Felder, welche partiellen Differentialgleichungen singularitätenfrei genügen.

Das Flettner-Schiff

Die Geschichte der wissenschaftlichen und technischen Erfindungen lehrt, daß die Menschen arm sind an selbständigen Gedanken und an schöpferischer Phantasie. Auch wenn die äußeren und die wissenschaftlichen Voraussetzungen für das Entstehen einer Idee längst vorhanden sind, bedarf es meist eines äußeren Anlasses für deren Zustandekommen; der Mensch muß sozusagen mit der Nase auf die Sache stoßen, bevor der Gedanke kommt. Ein schönes Beispiel für diese banale, für uns wenig schmeichelhafte Wahrheit bildet das gegenwärtig alle Welt in Erstaunen setzende Flettner-Schiff. Dasselbe hat auch noch den besonderen Reiz für sich, daß die Wirkungsweise der Flettner-Rotoren dem Laien meist ein Mysterium bleibt, trotzdem dabei nur rein mechanische Wirkungen zur Verwendung kommen, die jeder gefühlsmäßig zu beherrschen glaubt. Die wissenschaftliche Basis für die Erfindung Flettners ist eigentlich schon etwa 200 Jahre alt. Sie existiert, seitdem Euler und Bernoulli die elementaren Gesetze für die Bewegungen der reibungslosen Flüssigkeitsbewegungen aufgestellt haben. Dagegen besteht die praktische Möglichkeit für die Realisierung erst seit wenigen Jahrzehnten, nämlich seitdem man brauchbare kleinere Motoren besitzt. Auch dann kam die Erfindung nicht von selbst, sondern die zufällige Erfahrung mußte mehrmals eingreifen, ehe sie kam.

Das Flettner-Schiff ist seiner Wirkungsweise nach dem Segelschiff nahe verwandt. Denn wie beim Segelschiff wird die Kraft des Windes allein als motorische Kraft für die Vorwärtsbewegung des Schiffes verwendet. An Stelle der Segel aber wirkt der Wind bei diesem Schiff auf vertikale Blechzylinder, welche durch kleine Motoren in Umdrehung erhalten werden. Diese Motoren haben nur die kleine Reibung zu überwinden, welche die Zylinder an der umgebenden Luft und in ihrer Lagerung finden. Die Triebkraft für das Schiff liefert, wie gesagt, der Wind allein. Die rotierenden Zylinder sehen ähnlich aus wie Schornsteine von Dampfern, doch sind sie ein paarmal höher und dicker. Der Querschnitt, den sie dem Winde darbieten, ist etwa zehnmal kleiner als derjenige einer gleich wirksamen Segelschifftakelage.

»Aber wie in aller Welt kommt denn durch diese rotierenden Zylinder eine Triebkraft zustande?«, so fragt verzweifelt der Laie. Diese Frage will ich soweit zu beantworten suchen, als es ohne die Sprache der Mathematik möglich ist.

Bei allen Bewegungen von Flüssigkeiten (tropfbaren und gasförmigen), bei welchen der Einfluß der Reibung vernachlässigt werden kann, gilt folgender merkwürdiger Satz: Sind an verschiedenen Stellen einer gleichmäßigen Strömung verschiedene Geschwindigkeiten der Flüssigkeit vorhanden, so herrscht an den Stellen größerer Geschwindigkeit der kleinere Druck und umgekehrt. Dies ist leicht aus dem Elementargesetz der Bewegungen zu begreifen. Ist etwa in einer Flüssigkeitsbewegung eine von links nach rechts wachsende, nach rechts gerichtete Geschwindigkeit vorhanden, so muß das einzelne Flüssigkeitsteilchen auf seinem Weg von links nach rechts eine Beschleunigung erfahren. Damit diese Beschleunigung zustande komme, muß eine Kraft nach rechts auf das Teilchen wirken. Dies verlangt, daß der auf die linke Begrenzung wirkende Druck größer sei als der auf seine rechte Begrenzung wirkende Druck. Daraus folgt, daß der Druck in der Flüssigkeit links größer ist als rechts, wenn umgekehrt die Geschwindigkeit rechts größer ist als links.

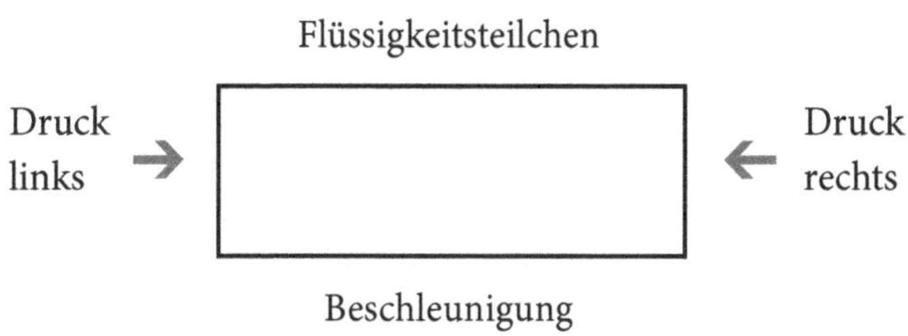

Fig. 1

Dieser Satz von der umgekehrten Abhängigkeit des Druckes von der Geschwindigkeit erlaubt offenbar, die durch eine Flüssigkeits- oder Gasbewegung erzeugten Druckkräfte zu beurteilen, wenn man nur die Geschwindigkeitsverteilung in der Flüssigkeit kennt. Ich will zunächst an einem allgemein bekannten, einfachen Beispiel zeigen, wie der Satz anzuwenden ist, nämlich am Parfümzerstäuber:

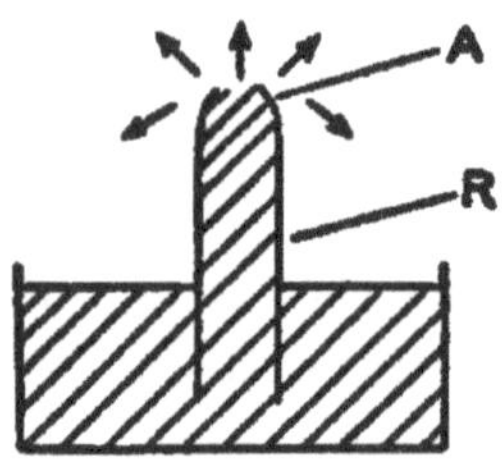

Fig. 2

Aus einem an der Mündung A etwas verbreiterten Rohr wird mittels eines zu komprimierenden Gummiballons mit großer Geschwindigkeit Luft ausgetrieben. Diese strömt dann in einem sich allseitig beständig verbreiternden Strahl weiter, wobei die Strömungsgeschwindigkeit allmählich auf Null abnimmt. Nach unserem Satz ist klar, daß bei A wegen der hohen Geschwindigkeit ein geringerer Druck herrscht als in größerer Entfernung von der Öffnung; es herrscht bei A ein Unterdruck gegenüber der weiter entfernten, ruhenden Luft. Ragt eine beiderseits offene Röhre R mit ihrem oberen Ende in die Zone hoher Geschwindigkeit, mit ihrem unteren Ende in einen mit Flüssigkeit gefüllten Behälter, so saugt der bei A herrschende Unterdruck die Flüssigkeit aus dem Behälter nach oben, die während ihres Austrittes bei A durch den Luftstrom in kleine Tröpfchen verteilt und mitgerissen wird.

Nach dieser Vorbereitung betrachten wir die Flüssigkeitsbewegung an einem Flettner-Zylinder. Z sei dieser Zylinder von oben gesehen. Er rotiere zunächst nicht. Der Wind blase in der angegebenen Pfeilrichtung. Er muß um den Zylinder Z einen gewissen Umweg machen, wobei er bei A und bei B mit der gleichen Geschwindigkeit vorbeiströmt. Es wird daher bei A und B derselbe Druck herrschen; eine Kraftwirkung des Windes auf den Zylinder findet nicht statt.

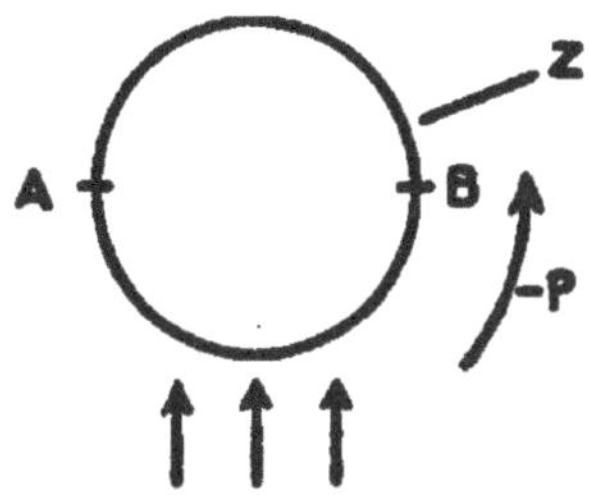

Fig. 3

Nun aber möge der Zylinder im Sinne des Pfeiles P rotieren. Dadurch wird bewirkt, daß die Strömung des am Zylinder passierenden Windes sich ungleich auf beide Seiten des Zylinders verteilt. Bei B wird nämlich die Bewegung des Windes durch die Drehbewegung des Zylinders unterstützt, bei A gehemmt. Es bildet sich unter dem Einfluß der Rotation am Zylinder eine Bewegung aus, die bei B eine größere Geschwindigkeit hat als bei A. Deshalb ist der Druck bei A größer als bei B, und der Zylinder erfährt eine Kraft von links nach rechts, die zur Fortbewegung des Schiffes verwendet wird.

Man könnte denken, daß ein erfinderischer Kopf von selbst, d. h. ohne äußeren Anlaß, auf diese Idee hätte kommen können. In Wahrheit hat sich die Sache aber wie folgt entwickelt: Beim Schießen mit Kanonenkugeln hat man beobachtet, daß auch bei Windstille erhebliche, unregelmäßig wechselnde, seitliche Abweichungen der Bahn von der Vertikalebene durch die anfängliche Flugrichtung des Geschosses vorkamen. Diese sonderbare Erscheinung mußte aus Symmetriegründen notwendig mit Rotation der Kugeln in Zusammenhang sein, da ein anderer Grund für eine seitliche Asymmetrie des Luftwiderstandes nicht wohl denkbar war. Für dieses Phänomen, das ziemliches Kopfzerbrechen der Fachleute verursachte, fand dann der Berliner Physiker Magnus um die Mitte des vorigen Jahrhunderts die richtige Erklärung. Sie ist dieselbe wie die soeben für die auf den Flettner-Zylinder im Winde wirkende Kraft gegebene Erklärung. Nur tritt an die Stelle des Windes die Relativbewegung der Luft gegen die fliegende Kanonenkugel.

Magnus hat seine Erklärung durch Versuche an einem rotierenden Zylinder, der sich von einem Flettner-Zylinder nicht wesentlich unterschied, bestätigt. Etwas später entdeckte der große englische Physiker Lord Raleigh die gleiche Erscheinung selbständig nochmals an Tennisbällen und gab ebenfalls die richtige Erklärung. In letzter Zeit machte der bekannte Professor Prandtl genaue experimentielle und theoretische Studien über die Flüssigkeitsbewegung an Magnusschen Zylindern, wobei er so gut wie die ganze, von Flettner realisierte Konstruktion bereits erdachte und ausführte. Prandtls Versuche sah Flettner und dachte erst daran, daß man diese Einrichtung als Ersatz für das Segel verwenden könnte. Wer weiß, ob sonst je ein anderer daran gedacht hätte?

Die Ursache der Mäanderbildung der Flußläufe und des Baerschen Gesetzes

Es ist allgemein bekannt, daß Wasserläufe die Tendenz haben, sich in Schlangenlinien zu krümmen, statt der Richtung des größten Gefälles des Geländes zu folgen. Ferner ist den Geographen wohlbekannt, daß die Flüsse der nördlichen Erdhälfte die Tendenz haben, vorwiegend auf der rechten Seite zu erodieren. Flüsse auf der Südhälfte verhalten sich umgekehrt (Baersches Gesetz). Versuche zur Erklärung dieser Erscheinung liegen in großer Zahl vor, und ich bin nicht sicher, ob dem Fachmann etwas, was ich hierüber im folgenden sage, neu ist; Teile der darzulegenden Überlegungen sind jedenfalls bekannt. Da ich jedoch niemand gefunden habe, der die in Betracht kommenden ursächlichen Zusammenhänge vollständig gekannt hätte, halte ich es doch für richtig, dieselben kurz qualitativ darzulegen.

Zunächst ist es klar, daß die Erosion desto stärker sein muß, je größer die Strömungsgeschwindigkeit unmittelbar am betreffenden Ufer ist bzw. je steiler der Abfall der Strömungsgeschwindigkeit zu null hin an einer ins Auge gefaßten Stelle der Flußwandung ist. Dies gilt unter allen Umständen, gleichgültig, ob die Erosion auf mechanischer Wirkung oder auf physikalisch-chemischen Faktoren (Auflösung von Bodenbestandteilen) beruht. Wir haben daher unser Augenmerk auf diejenigen Umstände zu richten, welche die Steilheit des Geschwindigkeitsabfalles an der Wandung beeinflussen.

In beiden Fällen beruht die Asymmetrie bezüglich des ins Auge zu fassenden Geschwindigkeitsgefälles indirekt auf der Ausbildung eines Zirkulationsvorganges, auf den wir zunächst unser Augenmerk richten wollen.

Ich beginne mit einem kleinen Experiment, das jeder leicht wiederholen kann: Es liege eine mit Tee gefüllte Tasse mit flachem Boden vor. Am Boden sollen sich einige Teeblättchen befinden, die dadurch am Boden festgehalten sind, daß sie etwas schwerer sind als die von ihnen verdrängte Flüssigkeit. Versetzt man die Flüssigkeit mit einem Löffel in Rotation, so sammeln sich die Teeblättchen alsbald in der Mitte des Bodens der Tasse. Der Grund dieser Erscheinung ist folgender: Durch die Drehung der Flüssigkeit wirkt auf diese eine Zentrifugalkraft. Diese würde an sich zu keiner Modifikation der Strömung der Flüssigkeit Veranlassung geben, wenn diese rotierte wie ein starrer Körper. Aber in der Nähe der Wandung der Tasse wird die Flüssigkeit durch die Reibung zurückgehalten, so daß sie dort mit geringerer Winkelgeschwindigkeit umläuft als an anderen, mehr im Inneren gelegenen Stellen. Im besonderen wird die Winkelgeschwindigkeit des Umlaufes und damit die Zentrifugalkraft in der Nähe des Bodens geringer sein als in größerer Höhe. Dies wird zur Folge haben, daß sich eine Zirkulation der Flüssigkeit von dem in Figur 1 dargestellten Typus ausbildet. Sie wächst so lange an, bis sie unter der Wirkung der Bodenreibung stationär geworden ist. Die Teeblättchen werden durch die Zirkulationsbewegung nach der Mitte der Tasse mitgenommen und dienen zu deren Nachweis.

Fig. 1

Analog ist es bei einem Fluß, der eine Krümmung erleidet (Fig. 2). In allen Querschnitten des Flußlaufes wirkt, wo dieser gebogen ist, eine nach der Außenseite der Biegung (von A nach B) gerichtete Zentrifugalkraft. Diese ist aber in der Nähe des Bodens, wo die Strömungsgeschwindigkeit des Wassers durch Reibung reduziert ist, kleiner als in größerer Höhe über dem Boden.

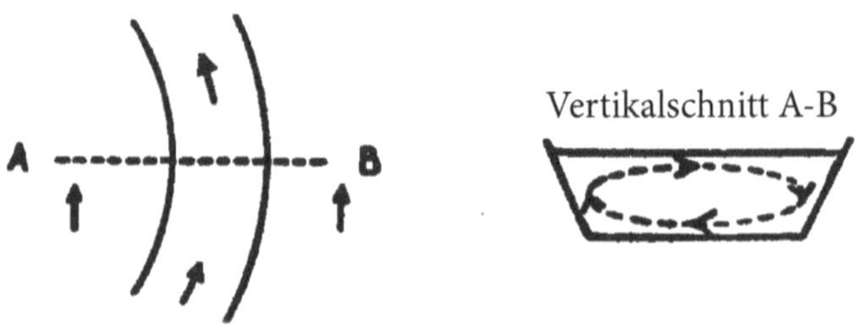

Grundriß

Fig. 2

Dadurch bildet sich eine Zirkulation aus von der in der Figur angedeuteten Art. Aber auch da, wo keine Flußbiegung vorhanden ist, wird sich eine Zirkulation von der in Fig. 2 dargestellten Art ausbilden, wenn auch nur in schwachem Betrag, und zwar unter dem Einfluß der Erddrehung. Diese bewirkt nämlich eine quer zur Strömungsrichtung gerichtete Korioliskraft, deren nach rechts gerichtete Horizontalkomponente pro Masseneinheit der Flüssigkeit $2\ v^{\Omega}\ \sin^{\Psi}$ beträgt, wenn v die Strömungsgeschwindigkeit, Ω die Umdrehungsgeschwindigkeit der Erde und Ψ die geographische Breite bedeutet. Da die Bodenreibung eine Abnahme dieser Kraft nach dem Boden hin bewirkt, so veranlaßt auch diese Kraft eine Zirkulationsbewegung von der in Figur 2 angedeuteten Art.

Nach dieser vorbereitenden Überlegung kommen wir zurück auf die Frage der Geschwindigkeitsverteilung im Flußquerschnitt, die ja für die Erosion maßgebend ist. Zu diesem Zweck müssen wir uns zuerst vergegenwärtigen, wie die (turbulente) Geschwindigkeitsverteilung in einem Fluß zustande kommt und aufrechterhalten wird. Würde das vorher ruhende Wasser eines Flußlaufes durch Anbringen eines gleichmäßig verteilten beschleunigenden Kraftimpulses plötzlich in Bewegung gesetzt, so würde die Verteilung der Geschwindigkeit über den Querschnitt zunächst eine gleichmäßige sein. Erst allmählich würde sich durch den Einfluß der Wandreibung eine Geschwindigkeitsverteilung herstellen, welche von den Wandungen aus nach dem Innern des Strömungsquerschnittes allmählich zunimmt. Eine Störung der (im groben Mittel) stationären Geschwindigkeitsverteilung über den Querschnitt würde sich unter dem Einfluß der Flüssigkeitsreibung nur langsam wieder einstellen.

Die Hydrodynamik veranschaulicht den Vorgang der Einstellung jener stationären Geschwindigkeitsverteilung in folgender Weise: Bei planmäßiger Strömungsverteilung (Potentialströmung) sind alle Wirbelfäden an der Wandung konzentriert. Sie lösen sich los und bewegen sich langsam gegen das Innere des Flüssigkeitsquerschnittes vor, indem sie sich auf eine Schicht wachsender Dicke verteilen. Dabei nimmt das Geschwindigkeitsgefälle an der Wandung langsam ab. Unter der Wirkung der inneren Reibung der Flüssigkeit werden die Wirbelfäden im Innern des Flüssigkeitsquerschnittes langsam aufgezehrt und durch solche ersetzt, welche sich an der Wand neu bilden. So entsteht eine quasi stationäre Geschwindigkeitsverteilung. Wesentlich für uns ist es, daß der Ausgleich der Geschwindigkeitsverteilung zur stationären Geschwindigkeitsverteilung hin ein langsamer Prozeß ist. Hierauf beruht es, daß bereits relativ geringfügige, stetig wirkende Ursachen die Verteilung der Geschwindigkeit über den Querschnitt schon erheblich zu beeinflussen vermögen. Nun überlegen wir, was für einen Einfluß die durch eine Flußbiegung oder durch die Korioliskraft bewirkte, in Fig. 2 dargestellte Zirkulationsbewegung auf die Geschwindigkeitsverteilung über den Flußquerschnitt ausüben muß. Die am raschesten bewegten Flüssigkeitsteilchen werden am weitesten von den Wandungen entfernt sein, also sich im oberen Teil über der Bodenmitte befinden. Diese raschesten Teile der Flüssigkeit werden durch die Zirkulation zur rechten Seitenwandung getrieben, während umgekehrt die linke Seitenwandung Wasser erhält, das aus der Gegend nahe dem Boden stammt und eine besonders kleine Geschwindigkeit hat. Deshalb muß auf der rechten Seite (im Falle der Fig. 2) die Erosion stärker sein als auf der linken Seite. Man beachte, daß diese Erklärung wesentlich darauf beruht, daß die langsame Zirkulationsbewegung des Wassers darum einen erheblichen Einfluß auf die Geschwindigkeitsverteilung hat, weil auch der dieser Folge der Zirkulationsbewegung entgegenwirkende Ausgleichsvorgang der Geschwindigkeiten durch innere Reibung ein langsamer Vorgang ist.

Damit haben wir die Ursache der Mäanderbildung aufgeklärt. Aber auch gewisse Einzelheiten lassen sich ohne Mühe folgern. Die Erosion wird nicht nur an der rechten Seitenwand, sondern auch noch auf dem rechten Teil des Bodens verhältnismäßig groß sein müssen, so daß die Neigung bestehen wird, ein Profil von der in Figur 3 angegebenen Gestalt zu bilden.

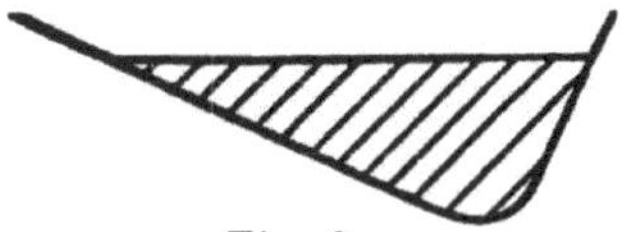

Fig. 3

Ferner wird das Wasser an die Oberfläche von der linken Seitenwand geliefert werden, also besonders auf der linken Seite weniger rasch bewegt sein als das Wasser in etwas größerer Tiefe; dies hat man tatsächlich beobachtet. Ferner ist zu beachten, daß die Zirkulationsbewegung Trägheit besitzt. Die Zirkulation wird also erst hinter der Stelle der größten Biegung ihren maximalen Betrag erlangen, ebenso natürlich die Asymmetrie der Erosion. Dadurch wird im Verlauf der Erosionsbildung ein Vorschreiten der Wellenlinien der Mäanderbildung im Sinne der Strömung stattfinden müssen. Endlich wird die Zirkulationsbewegung desto langsamer durch Reibung aufgezehrt werden, je größer der Flußquerschnitt ist; es wird also die Wellenlinie der Mäanderbildung mit dem Flußquerschnitt wachsen.

Über wissenschaftliche Wahrheit

1. Es ist schon nicht leicht, mit dem Wort »Wissenschaftliche Wahrheit« einen klaren Sinn zu verbinden. So ist der Sinn des Wortes »Wahrheit« verschieden, je nachdem es sich um eine Erlebnistatsache, einen mathematischen Satz oder eine naturwissenschaftliche Theorie handelt. Unter »religiöser Wahrheit« kann ich mir etwas Klares überhaupt nicht denken.

2. Wissenschaftliche Forschung kann durch Förderung des kausalen Denkens und Überschauens den Aberglauben vermindern. Es ist gewiß, daß eine mit religiösem Gefühl verwandte Überzeugung von der Vernunft bzw. Begreiflichkeit der Welt aller feineren wissenschaftlichen Arbeit zugrunde liegt.
3. Jene mit tiefem Gefühl verbundene Überzeugung von einer überlegenen Vernunft, die sich in der erfahrbaren Welt offenbart, bildet meinen Gottesbegriff; man kann ihn also in der üblichen Ausdrucksweise als »pantheistisch« (Spinoza) bezeichnen.
4. Konfessionelle Traditionen kann ich nur historisch und psychologisch betrachten; ich habe zu ihnen keine andere Beziehung.

Zur Erniedrigung des wissenschaftlichen Menschen

Sollen wir die Erkenntnis der Wahrheit oder, bescheidener ausgedrückt, das Begreifen der erfahrbaren Welt durch konstruktives logisches Denken als ein selbständiges Ziel unseres Strebens wählen? Oder soll dieses Streben nach vernünftiger Erkenntnis irgendwelche Sorte von andersartigen, z. B. »praktischen« Zielen untergeordnet werden? Das bloße Denken hat kein Mittel, diese Frage zu entscheiden. Die Entscheidung hingegen hat erheblichen Einfluß auf unser Denken und Werten, vorausgesetzt, daß sie den Charakter unerschütterlicher Überzeugung besitzt. Lassen Sie mich also bekennen: Für mich ist das Streben nach Erkenntnis eines von denjenigen selbständigen Zielen, ohne die für den denkenden Menschen eine bewußte Bejahung des Daseins nicht möglich erscheint.

Es liegt im Wesen des Erkenntnisstrebens, daß es sowohl die weitgehende Bewältigung der Erfahrungsmannigfaltigkeit als auch Einfachheit und Sparsamkeit der Grundhypothesen anstrebt. Die endliche Vereinbarkeit dieser Ziele ist beim primitiven Zustand unseres Forschens eine Sache des Glaubens. Ohne solchen Glauben wäre für mich die Überzeugung vom selbständigen Wert der Erkenntnis nicht kräftig und unerschütterlich.

Diese sozusagen religiöse Einstellung des wissenschaftlichen Menschen zur Wahrheit ist nicht ohne Einfluß auf die Gesamtpersönlichkeit. Denn außer dem durch die Erfahrung Gegebenen und den Denkgesetzen gibt es für den Forscher im Prinzip keine Autorität, deren Entscheidungen oder Mitteilungen an sich den Anspruch auf »Wahrheit« erheben können. Dadurch entsteht die Paradoxie, daß ein Mensch, der seine besten Kräfte objektiven Dingen widmet, sozial betrachtet zum extremen Individualisten wird, der sich – im Prinzip wenigstens – auf nichts verläßt als auf sein eigenes Urteil. Man kann sogar sehr wohl die Ansicht vertreten, daß intellektueller Individualismus und wissenschaftliches Streben in der Geschichte zusammen erstmals aufgetreten und unzertrennlich geblieben sind.

Nun kann man sagen, daß der so skizzierte wissenschaftliche Mensch nichts weiter sei als eine bloße Abstraktion, die man in dieser Welt nicht in Fleisch und Blut vorfindet, etwas Analoges zum homo economicus der klassischen Ökonomie. Es scheint mir aber, daß etwas wie die Wissenschaft, wie wir sie heute vor uns haben, nicht hätte entstehen und lebenskräftig bleiben können, wenn der wissenschaftliche Mensch nicht wenigstens in beträchtlicher Näherung in vielen Individuen viele Jahrhunderte hindurch tatsächlich existiert hätte.

Natürlich sehe ich nicht einen wissenschaftlichen Menschen in jedem, der Werkzeuge und Methoden anzuwenden gelernt hat, die direkt oder indirekt als »wissenschaftlich« erscheinen. Nur jene sind gemeint, in welchen die wissenschaftliche Mentalität wirklich lebt.

Wie steht nun der wissenschaftliche Mensch von heute im sozialen Körper der Menschheit? Er ist wohl irgendwie stolz darauf, daß die Arbeit von seinesgleichen, wenn auch zumeist indirekt, das wirtschafliche Leben der Menschen durch nahezu totale Eliminierung der Muskelarbeit total umgestaltet hat. Er ist auch wohl bedrückt darüber, daß seine Forschungsergebnisse eine akute Bedrohung der Menschheit mit sich gebracht haben, nachdem die Früchte dieser Forschung in die Hände seelenblinder Träger der politischen Gewalt gefallen sind. Er ist sich des Umstandes bewußt, daß die auf seinen Forschungen fußenden technischen Methoden zu einer Konzentration der wirtschaftlichen und damit auch der politischen Macht in die Hände kleiner Minoritäten geführt haben, von deren Manipulationen das Schicksal des immer mehr amorph erscheinenden Haufens der Individuen völlig abhängig geworden ist. Noch mehr: jene Konzentration der politischen und wirtschaftlichen Macht in wenigen Händen hat nicht nur eine äußere materielle Abhängigkeit auch des wissenschaftlichen Menschen mit sich gebracht: sie bedroht zugleich seine Existenz von innen, indem sie durch die Schaffung raffinierter Mittel geistiger und seelischer Beeinflussung den Nachwuchs unabhängiger Persönlichkeiten unterbindet.

So sehen wir, wie sich am wissenschaftlichen Menschen ein wahrhaft tragisches Schicksal vollzieht. Getragen vom Streben nach Klarheit und innerer Unabhängigkeit, hat er durch seine schier übermenschlichen Anstrengungen die Mittel zu seiner äußeren Versklavung und zu seiner Vernichtung von innen her geschaffen. Von den Trägern der politischen Macht muß er sich einen Maulkorb umhängen lassen. Er wird gezwungen, als Soldat sein eigenes Leben zu opfern und fremdes Leben zu zerstören, auch wenn er von der Sinnlosigkeit solchen Opfers überzeugt ist. Er sieht zwar mit aller Klarheit, daß der historisch bedingte Umstand, daß die Nationalstaaten die Träger der wirtschaftlichen, politischen und damit auch der militärischen Macht sind, zur Vernichtung aller führen muß. Er weiß, daß nur die Ablösung der Methoden der nackten Gewalt durch eine übernationale Rechtsordnung die Menschen noch retten kann. Aber es ist schon so weit mit ihm gekommen, daß er die von den Nationalstaaten über ihn verhängte Sklaverei als unabwendbar hinnimmt. Er erniedrigt sich sogar so weit, daß er auf Befehl die Mittel für die Vernichtung der Menschen weiter vervollkommnen hilft.

Muß der wissenschaftliche Mensch wirklich alle diese Erniedrigungen über sich ergehen lassen? Ist die Zeit vorbei, in der seine innere Freiheit und die Selbständigkeit seines Denkens und Forschens das Leben der Menschen hat erhellen und bereichern dürfen? Hat er nicht in einem nur aufs Intellektuelle eingestellten Streben seine Verantwortlichkeit und Würde vergessen? Ich antworte: Einen innerlich freien und gewissenhaften Menschen kann man zwar vernichten, aber nicht zum Sklaven oder zum blinden Werkzeug machen.

Wenn der wissenschaftliche Mensch unserer Tage Zeit und Mut fände, seine Situation und seine Aufgabe ruhig und kritisch zu erwägen und entsprechend zu handeln, so würden die Aussichten auf eine vernünftige und befriedigende Lösung der gegenwärtigen gefahrvollen internationalen Situation wesentlich verbessert werden.

Anmerkungen des Herausgebers

Wie ich die Welt sehe

Um 1930 entstanden; 1931 in englischer Fassung im 13. Band der »Living Philosophies« (New York) abgedruckt.

Der Staat und das individuelle Gewissen

Am 22. Dezember 1950 in der amerikanischen Zeitschrift »Science« erschienen.

Den Anlaß zu diesem Gewissensbekenntnis bildete der im gleichen Jahr vollzogene Beitritt von Prof. Einstein zu der für eine aufbauende, humane Welt des Friedens kämpfenden »Society jor Social Responsibility in Science«. Diese ganz nach demokratischen Prinzipien organisierte internationale Gesellschaft von Ingenieuren, Technikern, Naturwissenschaftern und Ärzten, unter denen die wegen ihrer tatkräftigen Nächstenliebe und pazifistischen Gesinnung von Albert Einstein hochgeschätzten Quäker stark vertreten sind, wurde im September 1949 in Haverjord (Pennsylvanien) gegründet.

Religion und Wissenschaft

Erstmals am 11. November 1930 im »Berliner Tageblatt« erschienen.

Faschismus und Wissenschaft

ALFREDO ROCCO *(1875–1935) hat dem Faschismus als gewiegter Jurist sein gesetzgeberisches Fundament verliehen. Von 1924 bis 1925 präsidierte er die italienische Kammer. Von 1925 bis 1932 stand Prof. Alfredo Rocco dem Ministerium der Justiz und der kulturellen Angelegenheiten vor, worauf er sein auch schriftstellerisch regsames Leben – unter anderem ist er der Verfasser der Schriften »La dottrina del Fascismo e il suo posto nella storia del pensiero politico« und »Dallo Stato liberale allo Stato fascista« – als Rektor der Universität Rom abschloß. Der hier abgedruckte, in Caputh bei Berlin geschriebene Brief stammt aus der Zeit, als Prof. Rocco Kultusminister war.*

Die Notwendigkeit der ethischen Kultur

Eine am 6. Januar 1951 verlesene Sympathiebezeigung zum 75. Geburtstag der »Ethical Cultural Society« in New York. Nach einer Mitteilung ihres Präsidenten Algernon D. Black tritt diese undogmatische Gesellschaft für die Auffassung ein, daß jede Religion die Pflicht habe, an der Befriedigung und kameradschaftlichen Annäherung der Völker mitzuarbeiten. Zu ihren obersten Prinzipien gehört ferner die Respektierung des Individuums und des Glaubens an das Gute im Menschen.

Verlorenes Paradies

Eine kurz nach der Gründung des Völkerbundes, der 1919 in Genf zustande kam und 1946 durch die »Vereinten Nationen« ersetzt wurde, zuerst in französischer Fassung erschienene Glosse. Sie läßt erkennen, wie schmerzlich enttäuscht Prof. Einstein schon damals über den Verrat der Wissenschaftler an der Internationale des Geistes war.

Von der Freiheit der Lehre

Einsteins Stellungnahme zu dem »Fall Gumbel« erfolgte 1931, als die mit Terrormethoden organisierte systematische Hetze der rechtsradikalen Studenten gegen den 1891 in München geborenen Prof. EMIL JULIUS GUMBEL *immer drohendere Formen annahm. Der wegen seiner statistischen Arbeiten in Fachkreisen geschätzte Dozent der Universität Heidelberg, deren Lehrkörper Gumbel von 1923 bis 1932 angehört hat, ist damals durch seine Schriften »Vier Jahre politischer Mord«, das »Weißbuch über die schwarze Reichswehr« und »Verräter verfallen der Feme« für die deutschnationalen Chauvinisten zum tiefverhaßten Chronisten ihrer Schandtaten geworden. In den Professoren Einstein und Radbruch erstanden damals dem tapferen Demokraten und Pazifisten unerschrockene Verteidiger. Nach seiner Ausstoßung aus der deutschen Staatsbürgerschaft konnte Prof. Gumbel seine akademische Tätigkeit zunächst in Lyon und hierauf in New York fortsetzen.*

Neuzeitliche Inquisitionsmethoden

Ein Lehrer aus Brooklyn, William Frauenglaß, richtete am 2. Mai 1953 an den Herausgeber der »New York Herald Tribune« einen Brief, in dem er sich über die undemokratische und inquisitorische Art beschwerte, in der er anläßlich seiner Zitation nach Washington durch ein antikommunistisches Komitee verhört wurde. Als Grund gab man seine Beteiligung an einem 1947 abgehaltenen Kurs für Lehrer über das Problem der internationalen Kulturbeziehungen an. Trotz der Drohung, aus dem Schuldienst entlassen zu werden, weigerte sich Frauenglaß standhaft, über seine politischen Bindungen Auskunft zu geben. In dieser prekären Situation sandte er sein Schreiben auch an den ihm als tapferen Nichtkonformisten geschilderten Prof. Einstein, der gegen die Knebelung der geistigen Freiheit durch die Schnüffeleien des Senators McCarthy und seiner faschistisch-reaktionären Anhängerschaft in dem hier wiedergegebenen Brief scharf Stellung nahm. Die am 12. Juni 1953 in der »New York Times« erfolgte Publikation der Antwort von Prof. Einstein und seine auf Befragen der Redaktion auch telefonisch bekräftigte Stellungnahme, daß er selber vor einem ähnlich gearteten Komitee jede Aussage verweigern würde, löste in der Weltpresse ein fast explosionsartiges Echo aus. »Die Reaktion«, teilte A. E. im Juni 1953 dem Herausgeber dieses Bandes mit, »war so, daß alle größeren Zeitungen mehr oder weniger höflich ablehnend kommentierten. Dies war nicht anders zu erwarten, da ja alle auf die größeren Inserate angewiesen sind. Außerdem erhielt ich eine Unmenge privater Zuschriften, die meisten enthusiastisch zustimmend, eine Minderheit streng verdammend; nur wenige Zuschriften sind vorsichtig abwägend. Im ganzen habe ich den Eindruck, daß der Brief zur Reinigung der politischen Luft ein bißchen beigetragen hat und hoffentlich noch beitragen wird.«

Auf Einsteins Seite schlug sich der geistvolle Kulturkritiker BERTRAND RUSSELL, der am 15. Juni 1953 aus London an die » New York Times« die ironischen Zeilen richtete: »In Ihrer Ausgabe vom 13. Juni steht ein Leitartikel, der gegen Einsteins Auffassung polemisiert, daß die durch McCarthys Sendlinge befragten Lehrer sich weigern sollten, Auskunft zu geben. Sie scheinen die Auffassung zu unterstützen, daß dem Gesetz stets Gehorsam geleistet werden müsse, selbst wenn es schlecht ist. Ich kann mir nicht vorstellen, daß Sie sich die Folgerungen vergegenwärtigt haben, die eine solche Stellungnahme nach sich ziehen muß. Verdammen Sie die christlichen Märtyrer, die sich geweigert haben, dem heidnischen Herrscher zu opfern? Verdammen Sie John Brown, den Vorkämpfer der Negersklaven-Befreiung? Ja, ich muß geradezu vermuten, daß Sie auch George Washington verdammen und der Ansicht sind, daß Ihr Land zum Untertanenverhältnis Ihrer graziösen Majestät Königin Elizabeth II. zurückkehren sollte. Als loyaler Brite klatsche ich diesem Stand-

punkt selbstverständlich Beifall, aber ich fürchte, er wird in Ihrem Land keine begeisterte Unterstützung finden.«

Erziehung zu selbständigem Denken

Auszug aus einem im Herbst 1952 in der »New York Times« erschienenen Interview über Erziehungsprobleme.

An japanische Schulkinder

Von China kommend, traf A. E. am 20. November 1922 in Kobe ein. Vor seiner Abreise im Januar 1923 hatte er mit der Kaiserin von Japan noch in französischer Sprache eine kurze Unterredung.

Die Davoser Hochschulkurse

Im Frühjahr 1926 hatte ein Gast des Höhenkurortes Davos, Prof. J. Kollarits, in der »Davoser Revue« die Anregung gemacht, in Davos durch den Völkerbund eine Welt- und Hochgebirgs-Universität erstellen zu lassen. Dieser schon fünf Jahre zuvor durch Bildhauer Philipp Modrow vorgebrachte Vorschlag fand aber wenig Gegenliebe. Auf mehr Verständnis stieß der im Herbst 1927 durch Prof. Gottfried Salomon vertretene Plan, jedes Frühjahr in Davos einen internationalen Kongreß der Gelehrten und lernenden zu organisieren, um dadurch einen praktischen Beitrag zur Völkerverständigung zu leisten. Der erste Kongreß fand vom 18. März bis 14. April 1928 statt und vereinigte 49 Dozenten aus vier Ländern sowie ein vierteltausend Hörer. Es sprachen unter anderem die Professoren Lucien Levy-Bruhl, Hans Driesch, Nicolai Hartmann, Custav Radbruch, William Rappard und Albrecht von Mendelssohn-Bartholdy. Den 2. und 3. Kongreß leiteten die schweizerischen Bundesräte Motta und Häberlin ein. Weitere Kongresse verhinderte der wachsende nationale Chauvinismus, dem diese »Universität übers

Kreuz«, in der Lehrer und lernende einander kameradschaftlich zu befruchten versuchten, ungelegen kam.

Die hier abgedruckten Worte über die »Davoser Hochschulkurse« sprach Prof. Einstein am 18. März 1928 unmittelbar vor seinem im Zentrum des Interesses stehenden Festvortrag, der das Thema »Grundbegriffe der Physik und ihre Entwicklung« behandelte. Nach einem Stenogramm führte er dabei aus, daß der primitive Mensch alles Geschehen auf die Willenstätigkeit unsichtbarer Geister zurückführt, während sich die höheren Geister um einen streng kausalen Ablauf bemühen. Zwar besteht daneben noch die Fiktion des freien Willens, von der aber der Kausalität keine Gefahr droht. Diese wird vielmehr durch die Physiker erschüttert. Unter Hinweis auf die in der euklidischen Geometrie enthaltenen Grundbegriffe der Physik und auf die klassische Mechanik, die Newton und Galilei auf ihrem Fundament errichteten, skizzierte Einstein die durch Faraday und Maxwell geförderte Weiterentwicklung zur elektromagnetischen Mechanik, die durch die Relativitätstheorie ihre logische Verfeinerung gefunden hat. Schließlich machte der Redner noch auf den stürmischen Fortgang der modernen Physik auf merksam. Die Feldtheorie besitze keine Erklärung, daß es bei gewissen Strahlen, die chemische Elementarprozesse hervorrufen, nicht auf die Intensität der Strahlung ankomme, sondern auf ihre Farbe und Frequenz. Etwas Ähnliches liege beim Umlauf von Elektronen um Atomkerne vor. Zur Erklärung der Zustandsänderungen hätten sich einige Theorien entwickelt, die prinzipiell statisch seien und eine strenge Kausalität verneinen. Analog zur Theorie der Wellenstrahlungen des Lichtes sei nun auch eine Wellentheorie der Materie entstanden.

Nachher übernahm Prof. Einstein die Leitung einer studentischen Arbeitsgemeinschaft, wobei sich der schweizerische Schriftsteller Hans Mühlestein unter Berufung auf Kant in heftige Opposition gegen Einstein versteifte. Dieser entkräftete jedoch die Einwände humorvoll und saftig. – Zur Aufbesserung der Finanzen dieses ersten Kongresses erklärte sich Professor Einstein außerdem einverstanden, in einem ad hoc gebildeten Kammermusiktrio als Geiger mitzuwirken. Während einer Probe ist damals dem ein Jahr später an Tuberkulose gestorbenen österreichischen Maler Emmerich Haas eine lebensechte Bleistiftskizze des musikbegeisterten Physikers gelungen.

Ansprache am Grabe von H. A. Lorentz
Seine Tätigkeit im Dienst der internationalen Zusammenarbeit

HENDRIK ANTOON LORENTZ *(1853–1928), der von 1878 bis zu seinem Tod als Professor der theoretischen Physik in Leiden lebte, hat 1902 mit seinem niederländischen Landsmann Pieter Zeemann den Nobelpreis für Physik erhalten. Als Begründer der Elektronentheorie führte Lorentz die atomische Vorstellung von der Struktur der Elektrizität ein, wodurch die Theorien von Maxwell und Hertz um eine entscheidende Phase erweitert wurden.*

Als Vorsitzender der 1922 ins Leben gerufenen »Völkerbundskommission für geistige Zusammenarbeit« hat sich Prof. Lorentz für die gleiche internationale Kameradschaft eingesetzt, für die auch A. E. eingetreten ist. Über ihre sonstigen gemeinsamen Beziehungen siehe Carl Seelig: »Albert Einstein und die Schweiz«.

Die »SOLVAY-KONGRESSE« tragen ihren Namen nach dem belgischen Chemiker Ernest Solvay (1838–1922), der durch das 1863 erstmals angewandte »Solvay-Verjahren« die internationale Sodafabrikation derartig umgewälzt hat, daß z. B. 1902 von der 1,76 Millionen Tonnen betragenden Weltproduktion 1,61 Millionen Tonnen nach seiner Methode hergestellt wurden. Diese besteht darin, daß bei 40 Grad Celsius in die konzentrierte Kochsalzlösung zuerst Ammoniak und anschließend Kohlendioxyd geleitet wird, wodurch sich das Natriumbikarbonat (Soda) bildet. Beim

Kalzinieren wird die Hälfte des verwendeten Kohlendioxyds zurückgewonnen und erneut zur Fabrikation benützt. Ebenso das Ammoniakgas.

Das mit dieser Erfindung und seinen Fabriken erworbene Vermögen verschenkte Ernest Solvay teilweise für philanthropische Zwecke sowie zur Unterstützung wissenschaftlicher Forschungen und Institute. Die von ihm finanzierten Solvay-Konferenzen sind seit 1909 zum wichtigen Ausspracheforum für die führenden Köpfe der Physik und Chemie geworden. A. E. nahm daran erstmals 1911 teil. Gleichzeitig mit Einstein erhielt Solvay im Sommer 1909 die Würde eines Dr. h. c. der Universität Genf.

H. A. Lorentz als Schöpfer und als Persönlichkeit

Die Niederschrift dieses Artikels wurde Ende Februar 1953 beendet. Den äußeren Anstoß gab der Kongreß, der im Sommer 1953 zu Ehren des auf den 18. Juli 1953 gefallenen 100. Geburtstages von Prof. Lorentz in Leiden tagte. Gleichzeitig veranstaltete das dortige »Rijkmuseum voor de Geschiedenis der Natuur wetenschappen« eine Ausstellung über die Persönlichkeit und das Werk von Lorentz sowie seines durch die Erzeugung von tiefsten Temperaturen und die Verflüssigung des Heliums bekannt gewordenen Kollegen Oonnes Kamerlingh (1853–1926). Als wertvolles Geschenk erhielt das Museum bei dieser Gelegenheit die zahlreichen handgeschriebenen Briefe, die Prof. Lorentz an Prof. Einstein gerichtet hat. Die übrige Korrespondenz von Lorentz wird im Zentralen Reichsarchiv in Haag aufbewahrt.

Das Michelson-Morley-Experiment oder kurzweg der »Michelson-Versuch« wird das zuerst 1881 im astrophysikalischen Observatorium in Potsdam angestellte Experiment des polnisch-amerikanischen Physikers Albert A. Michelson (1852–1931) genannt, die Bewegung der Erde durch den hypothetischen Äther zu messen. Er hat Einstein 1905 veranlaßt, den klassischen Raum-Zeit-Begriff aufzuheben und in einer speziellen Relativitätstheorie das Prinzip der Konstanz der Lichtgeschwindigkeit aufzustellen. 1907 erhielt Michelson, der bei Helmholtz in Deutschland Physik studiert hatte, für die von ihm konstruierten optischen Präzisionsinstrumente sowie für seine spektroskopischen und meteorologischen Untersuchungen den Nobelpreis für Physik.

Josef Popper-Lynkeus

Geb. 1838 in Kalin, Mittelböhmen, gest. 1921 in Wien

Die weltanschauliche und schriftstellerische Bedeutung dieses Sozialpolitikers rechtfertigt es, daß wir sein Leben und sein Werk kurz beleuchten. Nach der Schilderung der mit Josef Popper befreundeten Schriftstellerin Else Feldmann war er »sanft und gut wie ein Engel; aber er konnte auch eine wütende Seele haben und wie Feuer brennen«. Während ihres ersten Besuches fragte er sie, ob sie noch ihre Eltern habe, ob diese bemittelt seien und welchen Beruf sie selber ausübe? »Das war Popper. Ihm war am Menschen vor allem wichtig, ob er zu essen habe, ob er nicht frieren müsse, wenn es Winter war, ob er nicht krank sei, ob ihn seine Arbeit befriedige und ob er mit dem Lohn auskomme? In zweiter Linie kamen erst sein Charakter, seine Eigenschaften, seine Laster.« Am Vorabend von Poppers Tod, am 21. Dezember 1921, saß die Freundin am Sterbebett des Dreiundachtzigjährigen. Plötzlich schlug er die Augen auf und fragte sie scherzend, wie sie sich die Zukunft vorstelle? Über seine lichte Laune erfreut, antwortete sie: »Ich hoffe, daß es einmal so weit kommen wird, daß niemand mehr zu hungern braucht!« – »Ja«, erwiderte Popper mit schwacher Stimme, »das wäre der Anfang. Denn für mich hat noch gar nichts begonnen.«

Seine Laufbahn begann Josef Popper in Prag, wo er Fracht- und Eilgutbriefe schrieb sowie Eisenbahnbillette ausgab. Später arbeitete er als Telegraphist, bis er sich selbständig machte und in Wien eine autographierte Zeitungskorrespondenz gründete. Er berichtete darin über wissenschaftliche und technische Vorträge. Seine Referate, mit denen er nicht einmal soviel wie ein Handlanger verdiente, trug er noch spät nachts auf die Redaktionen. Gleichzeitig schrieb er sich an der Universität Wien als außerordentlicher Hörer für Astronomie, Mathematik und Physik ein. 1867 trat er zum ersten Male als Erfinder vor die Öffentlichkeit. Er schuf neuartige Kesselsteinanlagen, worauf er sich planmäßig auf das Studium der Aviatik warf. Es gelangen ihm die Konstruktion des weltberühmten Luftkondensators, eines selbstventilierenden Gradierwerkes und eines neuen Oberflächenkondensators sowie die mathematische Formulierung des Einflusses der verschieden hohen Luftverdünnung auf den Dampfverbrauch. Bereits als Vierundzwanzigjähriger hatte er der Kaiserlichen Akademie der Wissenschaften in Wien das Prinzip der elektrischen Kraftübertragung mitgeteilt, dessen praktische Anwendung sich erst zwei Jahrzehnte später ein Weltgewandterer nutzbar machte. – Wegen andauernder Erkrankung mußte Popper den technischen Beruf schließlich aufgeben. Beinahe alle größeren Kühltürme waren unter seiner persönlichen Leitung montiert worden: eine oft lebensgefährliche Arbeit, indem er auf steile Dächer klettern und bei glühender Hitze oder eisigem Wind die Kesselvisitationen vornehmen mußte. Im Selbststudium beschäftigte er sich nun intensiv mit Montaigne, mit dem genialen Physiker und aphoristischen Satiriker C. Ch. Lichtenberg, mit Rousseau, Schiller und Voltaire, dessen furchtloser Kampf gegen die Scheinheiligkeit ihm besonders imponierte. »Vor ihm«, schrieb er, »atmete die europäische Menschheit in schwerem Dunkel. Sie ging gebeugt einher. Einige alte Bücher lasteten auf ihrem Rücken. Da erscholl ein welterschütterndes Lachen, ein Lichtstrahl durchdrang den Raum, die Menschen hielten sich plötzlich aufrecht, die Bücher polterten zu Boden: Voltaire war da.« Poppers Charakteranalyse über diesen Führer der Aufklärung ist noch heute lesenswert.

Als Menschenfreund trat Josef Popper, der sich als Schriftsteller den Beinamen »Lynkeus« zulegte, namentlich durch zwei Abhandlungen hervor: »Die allgemeine Nährpflicht als Lösung der sozialen Frage« (1912) und »Das Recht, zu leben, und die Pflicht, zu sterben« (1878). Die erste Schrift enthält eine schneidende Kritik der Volkswirtschaftslehre und der verschiedenen politischen Parteien sowie detaillierte Vorschläge zur Lösung der sozialen Frage, indem sie unter Verwendung eines umfassenden Zahlenmaterials an Stelle der allgemeinen Wehrpflicht die allgemeine Nährpflicht anregt. Der Staat garantiert allen Bürgern ein Lebens- oder Existenzminimum an Nahrung, Kleidung, Wohnung und ärztlicher Pflege. Dafür verpflichtet sich jeder Bürger, eine bestimmte Zeit – Popper berechnete diese für Männer auf vierzehn und für Frauen auf acht Jahre – in der »Nährarmee« zu dienen, die all das, was der Mensch braucht, selbst herbeischafft. Nach Ablauf dieser Dienstzeit ist er von allen materiellen Sorgen befreit und kann entweder auf Kosten des Staates ein beschaulich-bescheidenes Dasein führen oder seinen Wunsch nach vermehrtem Wohlstand durch private Arbeit befriedigen. Durch dieses Ausgleichsprogramm hoffte Popper sowohl das Bürgertum als auch die Arbeitermasse für seinen Plan zu gewinnen und die parteipolitische Kluft zu überbrücken. Die unmoralische Haltung gewisser Staaten, die ihre Untertanen zu Kriegszwecken verwenden, ohne ihnen in Friedenszeiten das lebensnotwendige Existenzminimum zu bieten, veranlaßte ihn auch, der allgemeinen Wehrpflicht und Todesstrafe entgegenzutreten. Seine Schrift »Das Recht, zu leben, und die Pflicht, zu sterben« führt aus, daß es keinem verwehrt sein soll, Krieg zu führen. Niemand dürfe jedoch zur Militärleistung verpflichtet werden. Denn »wenn Gerechtigkeit waltet und Gesinnung herrscht, steht es jedermann frei, Märtyrer seiner eigenen Ideale zu werden. Aber keiner soll für die Ideale anderer sterben müssen.«

Als vertrauter Kenner der chinesischen Kultur und Lebensauffassung pries Popper die Heiligung des gesunden Menschenverstan-

des, die er jeder positiven Religion vorzog. Die Unantastbarkeit fremden Lebens, der Respekt vor anderen Individualitäten, Toleranz und Hilfsbereitschaft sowie phrasenlose Güte waren seine obersten Grundsätze. Auf ihren Pfeilern schrieb er die achtzig kleinen Anekdoten und Geschichten, die er 1899 unter dem Titel »Phantasien eines Realisten« veröffentlicht hat. Sie verraten deutlich den Einfluß von Konfuzius, den er als die bedeutendste Gestalt der Weltgeschichte verehrte. Bei seinem Erscheinen erregte das Buch ungeheures Aufsehen. Bis in die Parlamente drang der Sturm, den es entfachte. Schließlich konfiszierte die Staatsanwaltschaft von Österreich-Ungarn und Rußland das Werk »aus Gründen der Sittlichkeit«, so daß es bis 1922 auf der Liste der verbotenen Bücher stand. Einige pazifistische Erzählungen, namentlich »Auf dem Schlachtfeld« und »Nacht der Schlacht von Austerlitz«, wurden trotzdem in den meisten Kultursprachen verbreitet und machten Popper-Lynkeus derart bekannt, daß Besucher aus allen Weltgegenden nach Wien strebten, um ihren Verfasser persönlich kennenzulernen. Die Mehrzahl dieser ethisch ergreifenden Kurzgeschichten sind nach Feierabend während der Zeit entstanden, als Popper in den österreichischen Provinzen herumreiste, um seine eigenen Erfindungen an Ort und Stelle zu montieren. Da er sehr arm war, übernachtete er gewöhnlich in den billigsten Gasthäusern. In ihren unpersönlichen, frostigen Zimmern schrieb er nachts jene kleinen Prosaskizzen, die ihn weltberühmt gemacht haben.

Zum 70. Geburtstag von Arnold Berliner

Dieser Glückwunschartikel ist 1932 in der Zeitschrift »Die Naturwissenschaften« erschienen, die der mit einem schweren Augenleiden behaftete Dr. Arnold Berliner (1862–1942) im Jahr 1913 gegründet und bis zum Sommer 1935 mit leidenschaftlicher Hingabe redigiert hat. Aus rassischen Gründen wurde zu diesem Zeitpunkt der geistig regsame und nach universellem Wissen strebende Mann, der 1942 aus Verzweiflung seinem Leben in Berlin ein Ende bereitet hat, von seinem Posten entlassen. Berliners in fünf ständig verbesserten Auflagen erschienenes »Lehrbuch der Physik« hat Prof. Walter Nernst mit Vorliebe für seine Vorlesungen benutzt.

Gruß an George Bernard Shaw

Die erste flüchtige Bekanntschaft mit dem irischen Satiriker und Kulturkritiker George Bernard Shaw (1856–1950) erfolgte während Einsteins erster Reise nach England im Frühjahr 1921. Er weilte damals, von einem achtwöchigen Aufenthalt in den Vereinigten Staaten nach Berlin zurückkehrend, eine Woche lang mit seiner Frau Eisa im Londoner Palais des schwerreichen Lords Richard Burton Haldane (1856–1928). Dieser menschenhungrige »liberale Imperialist«, der von 1905 bis 1912 britischer Kriegsminister und von 1912 bis 1915 Lordkanzler war, hat sich stets eifrig für eine Verständigung zwischen England und Deutschland eingesetzt. Etwa zu gleicher Zeit, als der seit dem Ende des Ersten Weltkrieges auch in England vielgenannte Prof. Einstein mit der angelsächsischen Gesellschaft und Kultur die erste Fühlung nahm, erschien Haldanes Werk »The reign of Relativity« (»Die Herrschaft des Relativen«). In seiner Begeisterung für den neuen Pionier der theoretischen Physik erhob Lord Haldane seinen Gast vor dessen Vortrag in »King's College« zum »Newton des 20. Jahrhunderts«. In Haldanes 1929 publizierter »Autobiography« ist deren Verfasser mit Einstein vor seinem Palais am Queen Anne's Gate 28 auf einer Photographie abgebildet.

Eine weitere Ehrung ist A. E. widerfahren, als er im Oktober 1933 vor seiner endgültigen, schicksalhaften Umsiedlung nach den Vereinigten Staaten der Gründungsversammlung des »Akademischen Hilfsausschusses« in London beiwohnte und dabei über das Thema »Wissenschaft und Freiheit« sprach. Den Willkommgruß entbot ihm kein geringerer als der Vorsitzende, Prof. Ernest Ruther-

ford, der – einer der originellsten Experimentalphysiker unseres Jahrhunderts – seinen Kollegen Einstein zu dieser Tagung auf englischem Boden eingeladen hatte.

Der kurze »Gruß an George Bernard Shaw« wurde im Herbst 1930 gesprochen. Über diesen Aufenthalt in England berichtet Shaws Sekretärin Blanche Patch in ihrem 1951 erschienenen Buch »30 Years with C. B. S.«. Bemerkenswertes, das wir hier zum erstenmal in deutscher Übersetzung vorlegen. Im Verkehr mit seinen Zeitgenossen, heißt es in diesen Erinnerungen, anerkannte Shaw keine sozialen Unterschiede. Er nahm auf sie nicht die geringsten Rücksichten. Aber als Gastgeber traf er die Auswahl unter den Eingeladenen stets derart, daß er annehmen konnte, daß sie sich gegenseitig nicht langweilen würden. Als Prof. Einstein im Oktober 1930 beim geistfunkelnden Dramatiker zu Mittag aß, saßen am Tisch noch der Oberpostmeister Sir Herbert Samuel und dessen Sohn Edwin Samuel. Nach dem Essen nahm der Oberpostmeister den Physiker mit ins Unterhaus. An diesem oder an dem nächsten Abend wurde zu Einsteins Ehren im Hotel Savoy ein Bankett gegeben. Der Tafelpräsident war Lord Rothschild, der damals mit anderen Prominenten einen Aufruf für die notleidenden Juden von Osteuropa erließ. Im Verlauf des Essens hielt Shaw auf Einstein eine Rede, die durch das Radio bis nach Hollywood übertragen wurde. Er sagte darin unter anderem, daß Albert Einstein aus der Wissenschaft ein furchtbares Durcheinander gemacht habe. Einstein erwiderte: »Was tut das zur Sache? Das gehört nicht zu Ihren Angelegenheiten!« Shaw, der über die dogmatischen Wissenschaftler ebenso erbost sein konnte wie über die dogmatischen Theologen, hat seine Bemerkung wohl als Lob gemeint. Er spottete in seiner Rede über die kleinen Wissenschaftler, neben denen er nur acht wahre Größe zubilligte. Diese, fährt der Bericht von Miss Patch fort, nannte er, als er auf Einsteins Gesundheit trank: Pythagoras, Aristoteles, Ptolemäus, Kopernikus, Galilei, Kepler, Newton und Einstein ... Shaw, der damals 74 Jahre alt war, nahm diese Ansprache so ernst, daß ich sie vorher auf der Maschine abtippen mußte – ein ungewöhnliches Verlangen, denn gewöhnlich sprach er ohne Notizen. Von diesen großen Naturphilosophen, führte er aus, haben einzig drei vollständig Universen geschaffen: Ptolemäus, Newton und Einstein. Die anderen haben sie lediglich geflickt. Diese großen Drei wurden die Führer einer Bewegung der Humanität, die sich nach zwei Seiten auswirkte. Die eine nennt man Religion, die andere Wissenschaft. – »Religion«, erklärte Shaw weiter, »löst jedes Problem und schafft dadurch die Probleme des Universums ab. Sie verleiht uns Gewißheit, Festigkeit, Frieden und absolute Begriffe. Sie schützt uns gegen den Fortschritt, den wir ja alle fürchten. Die Wissenschaft bildet dazu das direkte Gegenteil. Sie hat immer unrecht. Sie löst ein Problem nie, ohne zehn neue aufzurollen.« Alle diese großen Männer haben versucht, derartige Probleme zu lösen. Kopernikus bewies, daß Ptolemäus unrecht hatte; Kepler bewies, daß Kopernikus unrecht hatte; Galilei bewies, daß Aristoteles unrecht hatte. An diesem Punkt jedoch wurde die Reihenfolge abgebrochen. Denn die Wissenschaft stand damals zum erstenmal vor dem unberechenbaren Naturphänomen: dem Engländer. Als Engländer war Newton fähig, erstaunliche geistige Fähigkeiten mit einer Leichtgläubigkeit und Verblendung zu vereinigen, die einem Kaninchen Schande gemacht hätten. Als Engländer nahm er eine geradlinige Welt an, da die Engländer das Wort »viereckig« stets dazu verwenden, um mit ihm Ehrbarkeit, Vertrauenswürdigkeit, kurz, Geradlinigkeit zu bezeichnen. Newton wußte, daß das Universum aus bewegten Himmelskörpern bestand und daß keiner von ihnen sich in gerader Linie bewegte noch bewegen konnte. Durch solche Tatsachen war jedoch kein Engländer zu entmutigen. Um zu erklären, weshalb alle diese Linien in seinem geradlinigen Weltall gebogen waren, erfand Newton eine Kraft, die Gravitation genannt, und schuf damit ein vollständiges britisches Universum, an das 300 Jahre lang andächtig wie an eine Religion geglaubt wurde. Das Buch dieser Newtonschen Religion war nicht dieses orien-

talische magische Ding, das man die Bibel nennt. Es ist das britische Tatsachenbuch, eine Art astronomischer Fahrplan. Er gibt die Standorte aller Himmelskörper an, ihre Entfernungen, die Geschwindigkeit, mit der sie reisen, und die Stunde, in der sie sich verfinstern oder mit der Erde zusammenstoßen wie der Sirius. Alles ist genau, gesichert, absolut und englisch. – Aber drei Jahrhunderte nach ihrer Errichtung erhebt sich in Mitteleuropa kühl ein junger Professor und sagt zu unseren Astronomen: »Meine Herren, wenn Sie die nächste Sonnenfinsternis sorgfältig beobachten werden« – sie fand am 29. März 1919 statt und setzte zur Kontrolle von Einsteins Berechnungen zwei große wissenschaftliche Expeditionen der »Royal Society of London« in Bewegung –, »so sind Sie imstande, zu erklären, was mit dem Perihel des Merkurs nicht stimmt.« Die zivilisierte Welt der Newtonianer erwidert ihm: »Wenn diese furchtbare Behauptung sich als wahr erweist und die Finsternis die Gotteslästerung bestätigt, so wird der junge Professor als nächstes die Existenz der Gravitation in Frage stellen!« Der junge Professor lächelt: »Die Gravitation ist eine äußerst nützliche Hypothese und gibt in den meisten Fällen ziemlich genaue Resultate.« Er persönlich könne jedoch ohne sie auskommen. Nun wird er gebeten, zu erklären, wie es komme, daß sich, sofern die Gravitation nicht existiere, die Himmelskörper nicht in geraden Linien bewegen und schnurstracks aus dem Universum davonlaufen? Er antwortet, daß dafür keine Erklärung nötig sei, da das Universum nicht geradlinig und ausschließlich britisch sei. Es sei nämlich gebogen. Daraufhin stürzt das Newtonsche Universum zusammen und wird durch das Einsteinsche Universum ersetzt. »Einstein«, fuhr Shaw fort, »hat nicht die Tatsachen der Wissenschaft angegriffen, wohl aber die allgemein anerkannten Grundsätze der Wissenschaft. Vor dieser Aufforderung hat die Wissenschaft kapituliert.«

Es folgten nun noch einige typisch Shawsche Bosheiten, die Einstein ungemein amüsierten. »In London«, scherzte sein irischer Bewunderer, »sind große Männer für sechs Pennies zu haben. Sie bil-

den eine überaus buntgemischte Gesellschaft. Wenn wir auf ihre Gesundheit trinken und Reden über sie halten, machen wir uns schändlicher Unterlassungen und widerlicher Heucheleien schuldig. Angenommen, ich hätte heute abend einen Toast auf Napoleon halten müssen. Das, was ich unmöglich hätte sagen dürfen, wäre wahrscheinlich gerade das Wichtigste gewesen, nämlich, daß die menschliche Rasse nur Vorteile daraus gezogen hätte, wenn er nie geboren worden wäre. Heute abend aber brauchen wir uns keiner Unterdrückung schuldig zu machen. Unter kleineren Männern gibt es große Männer, die wirklich groß sind. Es gibt jedoch auch große Männer, die unter großen Männern groß sind. Von dieser Art ist der Mann, den wir heute ehren. Napoleon und andere Männer waren Staatsgründer. Daneben gibt es noch eine Spezies von Männern, die sie überragen. Sie sind Schöpfer von Universen, und als solche bleiben ihre Hände unbefleckt vom Blut menschlicher Wesen.«

Einstein um Verzeihung bittend, daß er in seine »erhabene Einsamkeit« eingebrochen sei, um »den Ärmsten der Armen in der Welt« zu helfen, bemerkte Shaw schließlich noch mit steigendem Enthusiasmus, daß wir alle unsere kleinen Einsamkeiten haben.

»Anstatt sie jedoch für große Entdeckungen zu erforschen, können wir uns in ihnen nur niederkauern wie Kinder, die im Dunkeln schreien. Aus allen diesen kleinen Einsamkeiten senden wir unserem größten Zeitgenossen, Albert Einstein, unsere Bewunderung, unsere Wünsche und unsere Gebete für eine starke Gesundheit und ein langes Leben.«

Bertrand Russell und das philosophische Denken

Diese Arbeit wurde für den V. Band der von Prof. A. Schilpp herausgegebenen »Library of Living Philosophers« geschrieben. Die Erstauflage dieses Werkes ist 1946 erschienen und befaßt sich mit der »Philosophie of Bertrand Russell«. Die dritte Auflage hat die Tudor Publishing Company in New York veröffentlicht. Einsteins ins Englische übertragener Beitrag wird hier zum erstenmal in der deutschen Originalfassung vorgelegt. Die Erstausgabe von Russells Schrift »An Inquiry into Meaning and Truth« ist 1940 erschienen. Die daraus zitierte Stelle wurde vom Herausgeber dieses Buches verdeutscht.

Der in Europa noch wenig bekannte amerikanische Sozialkritiker THORSTEN BUNDE VEBLEN *(1857–1929) hat das in einen radikalen Materialismus ausartende wirtschaftliche Denken und Handeln unserer Generation, das nach seiner Auffassung das gesellschaftliche Leben der Vereinigten Staaten und der übrigen Welt unheilvoll beeinflußt, mit philosophischem Erkenntnisdrang ebenso scharfsinnigen wie bitter-ironischen Analysen unterzogen. Nach Prof. Max Silberschmidts Auffassung kann man ihn »geradezu als den Karl Marx von Amerika ansprechen, denn bei ihm ist die wissenschaftliche Publizistik ebensosehr Analyse der wirtschaftlichen Phänomene wie auch soziale Anklage und Nachweis tragischer Konflikte unserer Welt«. Ein anderer Deuter des Veblenschen Werkes – Carl Eugster – hebt in seiner im Europa Verlag Zürich erschienenen Studie über Veblen dessen »Mitgefühl für den kleinen Mann, für das geprügelte und unterdrückte Volk« hervor. Dieser konsequente Kulturkämpfer, der vor seinem Tod sehnlich wünschte, von der Mitwelt vergessen zu werden, hat als Hauptwerk den Band »The instinct of workmanship« (1914) hinterlassen.*

GEORGE BERKELEY *(1685–1753) ist der Begründer des erkenntnistheoretischen Spiritualismus, der ihn dazu verleitete, die Realität der körperlichen Welt zu leugnen.*

Zur Abschaffung der Kriegsgefahr

Geschrieben am 20. September 1952 und noch im gleichen Herbst in der japanischen Zeitschrift »Kaizo« (Tokio) erschienen.

Der erwähnte Brief an Präsident Roosevelt wurde am 2. August 1939 abgesandt. Zwei nach den Vereinigten Staaten emigrierte und seither an der Columbia-Universität in New York dozierende Physiker, der Italiener Enrico Fermi und der Ungar Leo Szilard, hatten den Begründer der Relativitätstheorie gebeten, ein Schreiben zu unterzeichnen, in dem das Haupt der Vereinigten Staaten auf die katastrophale Wirkung der Uranbombe aufmerksam gemacht wurde. In einem persönlichen Begleitschreiben an den Präsidenten wies Einstein darauf hin, daß »das Element Uran in unmittelbarer Zukunft zu einer neuen und bedeutenden Energiequelle entwickelt werden kann. – Eine einzige Bombe dieser Art, in einem Hafen zur Explosion gebracht, vermag sehr wohl den ganzen Hafen und seine Umgebung zu vernichten.« Da Einstein befürchtete, daß die militanten Nationalsozialisten, in deren Kaiser-Wilhelm-Institut die Professoren Otto Hahn und Lise Meitner die Uranspaltung entdeckt hatten, die ungeheure Kraftquelle bald zu Kriegszwecken mißbrauchen würden, schilderte er darin die Gefahr, welche die Erstellung der Uranbombe für die ganze Menschheit bedeutete. Er schlug vor, sofort eine Gruppe von Kernforschern zu organisieren, denen die Untersuchung über die praktische Anwendung des Urans anvertraut werden solle. Auf seine den Gang der Kriegsereignisse beeinflussende Mahnung wurde das die Konstruktion der Atombombe bezweckende »Manhattan Projekt« ausgearbeitet und in amerikanischem Expreßtempo verwirklicht.

Neben MAHATMA GANDHI *verehrt Prof. Einstein den »Urwalddoktor« Prof.* ALBERT SCHWEITZER *als den reinsten Moralisten der Gegenwart. »Ich habe«, schrieb er dem Herausgeber im April 1953, »Albert Schweitzer zweimal getroffen und mich längere Zeit mit ihm unterhalten. Er ist nach meiner Meinung der ein-*

zige Mensch in der westlichen Welt, der eine mit Gandhi vergleichbare übernationale moralische Wirkung auf diese Generation gehabt hat. Wie bei Gandhi, beruht die Stärke dieser Wirkung überwiegend in dem Beispiel, das er durch sein praktisches Lebenswerk gegeben hat.«

Ansprache vor der Abrüstungsversammlung der Studenten

Diese Ansprache wurde um 1930 vor deutschen Studenten gehalten, die sich zum Pazifismus bekannten.

An Sigmund Freud

Zu kurzen persönlichen Begegnungen zwischen Prof. Einstein und dem österreichischen Psychiater Dr. Sigmund Freud (1856–1939) ist es nur zweimal in Berlin gekommen. Bei diesem abgedruckten Brief handelt es sich um ein Privatschreiben, das 1931 oder anfangs 1932 an Freud abgegangen sein dürfte. Er ist nicht identisch mit Einsteins Brief, der den Vermerk »Caputh bei Potsdam, 30. Juli 1932« trägt und den ersten Teil in der deutschsprachigen Fassung 62 Seiten starken Broschüre bildet, die 1933 unter dem Titel »Warum Krieg?« von dem an den Völkerbund angeschlossenen »Internationalen Institut für geistige Zusammenarbeit« in 2000 numerierten Exemplaren herausgegeben wurde. Ähnliche Ausgaben sind später in französischer, englischer und holländischer Übersetzung erschienen.

Als Diskussionspartner für diese geistige Auseinandersetzung wählte Einstein Sigmund Freud, von dem er auf Grund seiner vertieften Kenntnis des menschlichen Trieblebens einen wichtigen Beitrag zum Thema »Abwehr und Befreiung der Menschen von der Geißel des Krieges« erwartete. Denn nach Einstein lebt in jedem Menschen »ein Bedürfnis, zu hassen und zu vernichten. Diese An-

lage ist in gewöhnlichen Zeiten latent vorhanden und tritt dann nur beim Abnormalen zutage. Sie kann aber verhältnismäßig leicht geweckt und zur Massenpsychose gesteigert werden.« Prof. Freuds Antwort erfolgte im September 1932 aus Wien. Auf 37 Seiten verweist sie unter anderem auf den menschlichen »Destruktionstrieb, dessen Beliebtheit keineswegs Schritt hält mit seiner Bedeutung. Mit etwas Aufwand von Spekulation sind wir nämlich zur Auffassung gelangt, daß dieser Trieb innerhalb jedes lebenden Wesens arbeitet und dann das Bestreben hat, es zum Zerfall zu bringen, das Leben zum Zustand der unbelebten Materie zurückzuführen. Er verdiente in allem Ernst den Namen eines Todestriebes, während die erotischen Triebe die Bestrebungen zum Leben repräsentieren. Der Todestrieb wird zum Destruktionstrieb, indem er mit Hilfe besonderer Organe nach außen, gegen die Objekte, gewendet wird. Das Lebewesen bewahrt sozusagen sein eigenes Leben dadurch, daß es fremdes zerstört. Ein Anteil des Todestriebes verbleibt aber im Innern des Lebewesens tätig, und wir haben versucht, eine ganze Anzahl von normalen und pathologischen Phänomenen von dieser Verinnerlichung des Destruktionstriebes abzuleiten. Wir haben sogar die Ketzerei begangen, die Entstehung unseres Gewissens durch eine solche Wendung der Aggression nach innen zu erklären.« Abschließend gibt Freuds Antwort der Hoffnung Ausdruck, daß die Weiterentwicklung der Kultur mit ihrer fortschreitenden Verschiebung der Triebziele und der Einschränkung der Triebregungen sowie die berechtigte Angst vor den katastrophalen Wirkungen eines Zukunftskrieges dem Kriegführen in absehbarer Zeit ein Ende setzen werde.

Die Frauen und der Krieg

Mit dem »wehrlosen Zivilisten« ist der Verfasser dieser ironischen Zeilen, Albert Einstein, gemeint, gegen den zwischen 1920 und 1933 von deutschen und anderen Walküren viele teils versteckte, teils offene Attacken geritten wurden. So hatte die amerikanische »Organisation der patriotischen Frauen« mit der Begründung, der vielgerühmte Mann sei ein ausgekochter Kommunist, die Regierung in Washington offiziell aufgefordert, Einstein die Einreise nach den Vereinigten Staaten zu verbieten.

Ein Abschied

ALBERT DUFOUR-FERONCE, *ein 1868 in London geborener Enkel des schweizerischen Generals Henry Dufour, arbeitete seit 1918 im Dienst des deutschen Auswärtigen Amtes, das ihn 1920 zum Botschaftsrat in London ernannte. Seit 1927 war er als erster deutscher Untergeneralsekretär beim Völkerbund tätig; zugleich stand er der Abteilung für die geistige Zusammenarbeit vor.*

In der Überzeugung, daß der Völkerbund unter dem Deckmantel der Objektivität als Werkzeug der kriegsgewinnlerischen Machtpolitik mißbraucht wurde – siehe den erstmals in »Albert Einstein und die Schweiz« von Carl Seelig abgedruckten Brief an Marie Curie vom 25. Dezember 1923 –, hat Prof. Einstein bereits 1923 seinen Austritt aus der Kommission erklärt. Da er jedoch einsah, daß diese Entscheidung den deutschen Chauvinisten von Nutzen war und der völkerverbindenden Idee Schaden zufügte, ließ er sich 1924 wieder zum Eintritt bewegen.

Die Internationale der Wissenschaft

Dieser Artikel wurde kurz nach dem 1. Weltkrieg geschrieben.

Mit den »Akademie-Sitzungen« sind die Sitzungen der seit 1700 bestehenden »Preußischen Akademie der Wissenschaften« gemeint, in die Albert Einstein im November 1913 auf Vorschlag der Professoren Max Planck, Walter Nernst, Heinrich Rubens und Emil Warburg gewählt wurde. Sein Wegzug von Zürich nach Berlin erfolgte im Frühjahr 1914.

EMIL FISCHER *(1825–1918) erhielt 1902 den Nobelpreis für Chemie als Anerkennung für seine bahnbrechenden synthetischen Forschungen über die Eiweißkörper. Seine akademische Tätigkeit hat Prof. Fischer in Erlangen und Würzburg begonnen. Von 1892 bis zu seinem Tode wirkte er hierauf in Berlin.*

Das Institut für geistige Zusammenarbeit

Offenbar im Jahr 1926 geschrieben. Damals wurde in Paris das »Internationale Institut für geistige Zusammenarbeit« eröffnet, das bis 1939 die Beschlüsse durchführte, die von der Völkerbundskommission für geistige Zusammenarbeit in Genf gefällt wurden. Dieser Kommission gehörte Einstein mit Marie Curie seit ihrem Bestehen im Jahr 1922 an. Wie sehr er von deren Ergebnissen enttäuscht war, läßt die in der Biographie »Albert Einstein und die Schweiz« abgedruckte Bemerkung ahnen, daß sie trotz ihrer illustren Zusammensetzung das lahmste Unternehmen gewesen sei, an dem er sich jemals beteiligt habe.

Als Ersatz für das von der französischen Regierung finanzierte »Internationale Institut für geistige Zusammenarbeit« wurde im November 1945 die UNESCO gegründet.

Krankheitssymptome des kulturellen Lebens

Erstabdruck in englischer Fassung im amerikanischen »Bulletin of the Atomic Scientists«, September 1952.

Gedanken über die ökonomische Weltkrise

Der Artikel nimmt Bezug auf die 1929 einsetzende Weltwirtschaftskrise, die durch das Überangebot von Rohstoffen, die mit den Mitteln der modernen Technik auf den Markt geworfen wurden, zu einem katastrophalen Preissturz und zum Zusammenbruch vieler

Bankinstitute sowie agrarischer und industrieller Unternehmungen führte. Die dadurch bedingte Arbeitslosigkeit und Unzufriedenheit der Massen haben mitgeholfen, die radikalen Strömungen der Politik zu stärken und den aggressiven Nationalismus zu verschärfen.

Produktion und Arbeit

Der englische Nationalökonom JOHN MAYNARD KEYNES *(1883–1946) gehörte zu den heftigsten Gegnern der durch den Frieden von Versailles geschaffenen Reparationspolitik. Er forderte in den zwanziger Jahren die »Entthronung des Goldes« und die manipulierte Währung zur Stabilisierung des inneren Preisniveaus.*

Vom friedlichen Zusammenleben der Nationen

Frau ANNA ELEANOR ROOSEVELT *(1884–1962), die Gemahlin des im Frühjahr 1945 gestorbenen amerikanischen Präsidenten, hatte einige Mitglieder der »Atomic Energy Commission«, so den Physiker Robert Oppenheimer und den Rechtsanwalt David Lilienthal, veranlaßt, am 13. Februar 1950 in ihrem periodischen Televisionprogramm über die Gefahren der atomischen Kriegführung zu sprechen. Um ihm die Mitwirkung zu erleichtern, wurde Prof. Einstein in seinem Heim in Princeton gefilmt. Er verlas dabei die von uns wiedergegebenen Ausführungen. In einem Brief an den Herausgeber dieses Bandes spricht Frau Roosevelt bewundernd von Einsteins »unforgettable personality, gentle but strong and firm in his beliefs«, d. h. von seiner unvergeßlichen, in ihren Anschauungen freundlichen, aber strengen und festgefügten Persönlichkeit.*

Als die von Manfred George geleitete Wochenzeitung »Der Aufbau« in New York eine Trauerfeier für den am 12. April 1945 gestorbenen Präsidenten FRANKLIN DELANO ROOSEVELT *veranstaltete, richtete Einstein an die Versammelten folgende Bot-*

schaft: »Wir Juden und Immigranten sind dem teuren Hingeschiedenen besonders verbunden und verpflichtet. Selten ist es, daß einem, der das Herz auf dem rechten Fleck trägt, auch das politische Genie und die Willensstärke zuteil werden, durch die allein ein Mensch das historische Geschehen entscheidend und nachhaltig beeinflussen kann. Präsident Roosevelt hat das Unvermeidliche frühzeitig vorausgesehen und dafür gesorgt, daß Amerika die von Deutschland drohende schwere Gefährdung siegreich bestehen konnte. Er hat sich im Rahmen des politisch Möglichen erfolgreich für die Sicherung der Schwachen und für eine Gesundung der wirtschaftlichen Verhältnisse eingesetzt. So schwer die Last war, die er zu schleppen hatte – sein gesunder Humor hat es ihm erlaubt, innerlich frei zu bleiben, wie wir es nur bei ganz wenigen finden, die unausgesetzt die folgenschwersten Entscheidungen zu treffen haben. Er war unerhört konsequent in seinen letzten Zielen und doch so bewundernswert elastisch bei der Überwindung der schweren Widerstände, die sich einem weitblickenden Staatsmann ganz besonders in einem demokratischen Land entgegenstellen, in dem ein Amt – auch das höchste – nur in beschränktem Maß Autorität verleiht. Wann auch immer dieser Mann von uns genommen wäre, hätten wir es als einen unersetzlichen Verlust empfunden. Tragisch ist es, daß er seine einzigartigen Fähigkeiten nicht mehr für die Lösung des Problems der internationalen Sicherung einsetzen konnte. Tragisch ist es auch speziell für uns Juden, daß er mit seinem lebendigen Gerechtigkeitssinn die entscheidenden Verhandlungen nicht erlebte, von denen es abhängt, ob unser unsagbar schwer geprüftes Volk eine Zuflucht finden wird, ob die Tore Palästinas für die Flüchtenden und Verfolgten unter uns geöffnet werden. Roosevelts Tod wird von allen Menschen, die guten Willens sind, wie der Verlust eines alten und nahen Freundes empfunden. Möge sein Einfluß auf die Gedanken und Gesinnungen der Menschen ein dauernder sein.«

Zur Sicherung des Menschengeschlechtes

Auszug aus dem Beitrag zur »Canadian Education Week« (Kanadische Erziehungswoche), die Anfang März 1952 für Lehrer und Schüler in Ottawa stattgefunden hat.

Briefwechsel mit der Preußischen Akademie der Wissenschaften

Prof. ERNST HEYMANN *(1870–1946) ist der Begründer des ersten Instituts für das Auslandsrecht.*

HEINRICH VON FICKER (1881–1957) wurde 1923 zum Direktor des Preußischen Meteorologischen Instituts ernannt. Er ist auch durch seine Freiballonaufstiege in den Alpen und durch wissenschaftliche Expeditionen in den Kaukasus sowie nach Pamir und Turkestan bekannt geworden.

Jüdische Gemeinschaft

Diese Rede fällt in den Herbst 1930, in dem Albert Einstein seinen auf Seite 42 abgedruckten »Gruß an George Bernard Shaw« geschrieben hat. Anschließend an Shaws Huldigung, die unseren Anmerkungen beigefügt ist, sprach Prof. Albert Einstein am 29. Oktober 1930 im Londoner Savoy-Hotel über das Thema »Jüdische Gemeinschaft«.

Die 1880 in Petersburg gegründete, ursprünglich nur für die Jugend von Osteuropa geschaffene Weltorganisation ORT ist bestrebt, den jüdischen Nachwuchs zu Handwerkern und Landwirten heranzubilden.

OZE ist eine Hilfsorganisation der Juden, die sich vor allem um die Schaffung und Erhaltung von Krankenhäusern bemüht. Der durch seine utopischen Romane populär gewordene Schriftsteller HERBERT GEORGE WELLS *(1866–1946) wohnte wie Shaw dem ungewöhnlichen Bankett bei. Wells' kosmopolitische Einstellung, die sich besonders in der »Geschichte der Welt« manifestiert, berührt sich stellenweise eng mit Einsteins Standpunkt. So an folgender Stelle: »Intelligenten Menschen wird es immer klarer, daß, solange die souveräne Unabhängigkeit nationaler Staaten und die systematische Einhämmerung rassischer Irrlehren sowie nationaler und kultureller Vorurteile aufrechterhalten bleiben, unsere gegenwärtige Instabilität wachsen und das menschliche Leben und Denken immer ausschließlicher den Disziplinen, Sklavereien, Ängsten und Leidenschaften immer verheerender Kriege geweiht sein wird. Eine Art von militärischer Hysterie bedroht unsere Gattung. Sie kann uns Schritt für Schritt auf eine grausame, degenerierte Kriegführung herabziehen und auf ein Leben, das außer Schmerz, Haß und elementare Lust wenig Interessen und außer spartanischer Ausdauer wenig Tugenden kennen wird.«*

Der »mythische Namensbruder« bezieht sich auf die Vorstellung, die sich das Publikum von Prof. Albert Einstein macht.

Ansprachen über das palästinensische Aufbauwerk

Als Reaktion auf den nach dem Ersten Weltkrieg in Deutschland sich epidemisch ausbreitenden Antisemitismus stellte Albert Einstein, der sich bis dahin um die religiösen Bewegungen kaum gekümmert hatte, seit 1920 sein wachsendes Ansehen in den Dienst des Zionismus. Mit dem ersten Präsidenten des späteren Staates Israel, Prof. Chaim Weizmann (1874–1952), reiste er im Frühjahr 1921 nach New York, um von dort aus durch Meetings große Summen für den jüdischen Nationalfonds und die Hebräische Universität in Jerusalem, deren Grundsteinlegung im Jahr 1918 erfolgt war, zusammenzubringen. Im Anschluß an seine China-Japan-Reise, während der er den Nobelpreis für Physik erhielt, hat er im Februar 1923 erstmals jüdischen Boden betreten. In Jerusalem wohnte er als Gast im Hause des britischen Hochkommissars Viscount Her-

bert Samuel. Die zweite Nordamerikareise wurde im Dezember 1930 angetreten, die dritte im Herbst 1931.

Die Ansprachen 1, 2 und 3 wurden 1931 und 1932 in den Vereinigten Staaten gehalten, die Ansprache 4 im Jahr 1921 nach der Rückkehr aus den Vereinigten Staaten an seinem Wohnsitz Berlin, während die Ansprache 5 anscheinend in eine spätere Zeit fällt, jedoch in die Jahre vor seiner endgültigen Niederlassung in Princeton (USA) – also vor 1933.

Jüdische Gesundung

Die zionistische Organisation KEREN HAJESSOD *(»Aufbau-Fonds«) veranstaltet seit ihrer 1920 in London erfolgten Gründung Sammlungen, um auf dem vom Jüdischen Nationalfonds in Israel erworbenen und in Erbpacht gegebenen Boden Heimstätten errichten und das Land kolonisieren zu helfen.*

Über die Notwendigkeit des Zionismus

Auf eine Anfrage an den damals 76jährigen Sozial- und Völkerpsychologen teilte Prof. Dr. WILLY HELLPACH *(1877–1955), der von 1922 bis 1924 das badische Unterrichtsministerium geleitet hat und 1925 für die Reichspräsidentenwahl als demokratischer Kandidat aufgestellt wurde, dem Herausgeber am 22. März 1953 aus Heidelberg mit, daß er den von Albert Einstein erwähnten Artikel 1929 während seinen Sommerferien auf der Riffelalp bei Zermatt für die »Vossische Zeitung« geschrieben habe. »Einstein«, heißt es in diesem Schreiben weiter, »bin ich leider immer nur sehr kurz begegnet. Immerhin genügte das, um von ihm den Eindruck einer höchst originellen Individualität zu empfangen. Allerdings verband sich damit auch die Impression einer gewissen Wirklichkeitsfremdheit von fast kindlicher Gutgläubigkeit, vor allem einer Fremdheit in den Realproportionen der Dinge des öffentlichen*

Lebens. Ich habe die gleiche Beobachtung wiederholt bei exklusiven Mathematikern und Naturforschern gemacht. Insbesondere der Mathematiker und theoretische Physiker, der völlig in die Denkform einer messerscharfen deduktiven Logik eingelebt ist, steht der Wirklichkeit des Menschengemeinschaftslebens, die sich nicht im geringsten an solche Logik hält, oft völlig ratlos gegenüber. Das gilt sogar für eine doch viel weitläufigere Persönlichkeit wie Bertrand Russell – cum grano salis.«

»Die Entfaltung einer nationaljüdischen Bewegung«, fährt Prof. Hellpach dann fort, »habe ich vom ersten Augenblick an, da der Zionismus die Öffentlichkeit zu beschäftigen begann, ebensowohl begriffen wie bedauert. Der Zionismus spiegelt in seiner Entwicklung genau die Entwicklungsläufigkeiten wider, die wir an jedem Nationalismus beobachten können. Jeder Nationalismus, den wir kennen, beginnt schwärmerisch und endet oder ›gipfelt‹ eiferisch, indem er sich vom Idealismus zum Fanatismus verengt. Der deutsche Nationalismus setzt mit Herder, Fichte, Arndt, Jahn ein und realisiert sich hundert Jahre danach in Treitschke, den Alldeutschen, dem Nationalsozialismus; die mittlere Brücke bilden Erscheinungen wie Richard Wagner, Paul de Lagarde, auch Gustav Freytag. Der Nationalismus teilt darin nur das Schicksal jeder ideellen Bewegung, wenn sie aus ihrem Elitestadium heraustritt und Massenbewegung wird. Dann verflacht, verengt und verhärtet sie sich. – So wenig wie der alldeutsche und völkische Nationalismus etwa die Deutschen repräsentierte und so wenig wie die Franzosen hinter den Drummond, Maurras und Anhängern des gallischen Chauvinismus standen, so wenig repräsentiert der Zionismus in irgendeiner Phase seiner Ausbreitung etwa das Judentum. Auch heute denkt die überwiegende Mehrheit des Weltjudentums nicht daran, in Erez Israel leben zu wollen. Ich persönlich habe es besonders beklagt, daß im Zionismus ein historisches Etwas verleugnet wurde, worin ich eine der Missionen des in die Zerstreuung getriebenen Judentums erblickte: das kosmopolitische Fühlen und Den-

ken, das mir ein desto wichtigeres ›Vitamin‹ der abendländischen Kultur zu sein schien, je mehr sich diese Kultur nationalistisch aufspaltete und zersplitterte. Nun wurden auch die durch geschichtliche Heimsuchung kosmopolitisch gewordenen Kinder Israels bearbeitet, nationalistisch zu werden wie die andern Groß-, Klein- und Zwergvölker. Mich bedünkt das ein sehr empfindlicher Verlust an jüdischer Mission in der Welt.«

Aphorismen für Leo Baeck

Diese sententiösen Früchte aus Einsteins Lebenserfahrungen erschienen in der zweibändigen Festschrift, die nachträglich zu dem am 23. Mai 1953 gefeierten 80. Geburtstag von Dr. Leo Baeck (1873–1956) herauskam. Der erste Aphorismus bietet ein gedrängtes Porträt des charaktervollen Führers des deutschen Judentums in der ersten Hälfte des 20. Jahrhunderts, für dessen sittliche Festigkeit Prof. Einstein eine ähnliche Wertschätzung hegte wie für Mahatma Gandhi oder Albert Schweitzer.

Der aus dem ehemaligen polnischen Osten von Deutschland stammende Dr. Leo Baeck hat sich stetsfort mit heiterer Güte, aber auch mit Geist und ritterlichem Charakter bemüht, Verständnis sowohl für die östliche wie für die westliche Kultur der Juden zu säen. Während seines Wirkens als Oberrabbiner in Berlin (1912–1943) und seit Mitte 1945 in England sowie in den Vereinigten Staaten hat Baecks verantwortungsfreudige Persönlichkeit viele soziale und kulturelle Ämter mit vitalem Leben erfüllt. Alle Angebote, sich aus dem nationalsozialistischen Deutschland zu retten, tapfer ausschlagend, hat sich Leo Baeck 1943 freiwillig dem Leidenszug nach dem Konzentrationslager Theresienstadt angeschlossen, um dort als Seelsorger und Vortragender die Häftlinge zu trösten. Von den in Theresienstadt internierten 140 000 Ost- und Westjuden sind damals nahezu 120 000 vergast worden, verhungert oder typhusverseucht ums Leben gekommen. Nach seiner Befreiung im Frühling

1945 hat Professor Baeck in England und in Cincinnati am Hebrew Union College die in Berlin begonnene akademische Tätigkeit mit ungebrochener Toleranz und Lebensweisheit fortgesetzt.

Prinzipien der Forschung

Der 60. Geburtstag von Prof. Dr. MAX PLANCK *(1858–1947) fiel auf den 23. April 1918. Die Rede wurde vor den Mitgliedern der Physikalischen Gesellschaft in Berlin gehalten. Wie entscheidend Planck, der sich auch während des nationalsozialistischen Regimes mit Noblesse für die Internationalität der Wissenschaft eingesetzt hat, bei der Berufung von Einstein an die Preußische Akademie in Berlin mitgewirkt hat, geht aus der Biographie von Carl Seelig »Albert Einstein und die Schweiz« hervor. Stets hat Prof. Einstein mit Ehrfurcht und Dankbarkeit des kollegialen und rechtlich denkenden Bahnbrechers gedacht, der durch seine Quantentheorie mitgeholfen hat, das neuzeitliche Weltbild umzugestalten.*

In der genannten Biographie ist auch der Einfluß eines einst vieldiskutierten Vertreters der mechanistischen Weltanschauung, ERNST MACH *(1838–1916), auf die philosophische und wissenschaftliche Entwicklung von Einstein behandelt. Als Prof. Einstein im Herbst 1913 an der Versammlung der deutschen Naturforscher und Ärzte in Wien teilnahm, besuchte er den schwergelähmten Dr. Mach in seiner Wohnung. Über diesen Besuch hat Philipp Frank in seiner Studie »Einstein – Sein Leben und seine Zeit« (1949) lebendig berichtet.*

Zur Methodik der theoretischen Physik

Die Entstehungszeit dieser Ansprache reicht ins Jahr 1930 zurück. Wer mit dem Mann gemeint ist, dessen Andenken die Kanzel dient, auf der Prof. Einstein seine Ausführungen vorlas, war nicht mehr zu ermitteln.

Einsteins ehemaliger Mitarbeiter Dr. WALTER MAYER *aus Wien, der zuletzt als hervorragender Mathematiker im »Institute for Advanced Study« in Princeton tätig war, ist im Herbst 1948 gestorben.* LOUIS DE BROGLIE *(1892–1987), Dozent für theoretische Physik am Institut Henri Poincare in Paris, erhielt 1929 für seine Forschungen über die Wellennatur der Elektronen den Nobelpreis der Physik. Über seine persönlichen Beziehungen zu A. E. siehe Prof. de Broglies Originalbeitrag »Une rencontre avec Einstein au conseil Solvay en 1927« in Carl Seelig »Albert Einstein und die Schweiz«.*

PAUL ADRIEN DIRAC *(geb. 1902–1984), Dozent für theoretische Physik in Cambridge, arbeitete am Ausbau der Quanten- und Elektronentheorie. 1933 erhielt er gemeinsam mit Schrödinger den Nobelpreis für Physik.*

ERWIN SCHRÖDINGER *(1887–1961). Aus Wien stammend, wirkte Schrödinger als Dozent für theoretische Physik am »Dublin Institute for Advanced Studies«. Er ist der Schöpfer einer mathematisch exakten Theorie der Wellenmechanik, zu der er durch Louis de Broglie inspiriert wurde.*

MAX BORN *(1882–1970), Dozent für theoretische Physik in Edinburgh, hat durch seine Untersuchungen über die Gitter theorie der Kristalle sowie über die Atomdynamik und die elementare Quantenmechanik unsere Kenntnis vom physikalischen Weltbild tiefgreifend bereichert. In seinem 1950 gehaltenen Vortrag »50 Jahre Quantentheorie« rühmte Prof. Heisenberg von seinem einstigen Göttinger Lehrer, daß Prof. Born zusammen mit Pascual Jordan die mathematische Grundlage für die Quantentheorie gelegt habe.*

WERNER HEISENBERG *(1901–1976), Dozent für theoretische Physik am Max-Planck-Institut in Göttingen, erhielt 1932 den Nobelpreis für Physik. Wie Born und Jordan, gehört er zu den Begründern der für die Kernphysik unerläßlichen Quantenmechanik. Auch seine Arbeiten über die Unschärfe-Relation und die kosmi-*

schen Strahlungen zählen zu den deutschen Spitzenleistungen auf dem Gebiet der modernen Physik.

Geometrie und Erfahrung

Zur traditionellen Geburtstagsfeier für den König Friedrich den Großen (1712–1786) hielt Einstein am 27. Januar 1921 in der öffentlichen Sitzung der Preußischen Akademie der Wissenschaften, die seit 1700 besteht und durch Friedrich II. großzügig gefördert wurde, diesen vielbeachteten Festvortrag. Nach dem Urteil von Prof. Philipp Frank hat er »auf einem Gebiet, auf dem auch unter den Wissenschaftern, den Mathematikern und Physikern oft große Unklarheit herrschte und manchmal noch herrscht, durch klare Formulierungen Ordnung geschaffen. Einsteins Formulierung wird seither selbst von Philosophen als die klarste und beste bezeichnet.«

Die »Allgemeine Erkenntnislehre« des Berliner Philosophen MORITZ VON SCHLICK *(1882–1936) ist im Jahr 1918 erschienen. Ein Jahr vorher hat Schlick unter dem Einfluß von Einstein eine »Raum und Zeit« betitelte Arbeit veröffentlicht.*

Der französische Mathematiker HENRI POINCARE *(1854–1912) hat sich kurz vor seinem Tod gleichzeitig mit Marie Curie in einem Schreiben, das in der Biographie Carl Seeligs »Albert Einstein und die Schweiz« abgedruckt ist, kräftig dafür eingesetzt, daß Prof. Einstein 1911 von Prag nach Zürich zurückberufen wurde, um dort an der ETH die Professur für theoretische Physik zu übernehmen.*

Mit der am Schluß gemachten Bemerkung über die »Abweichung, die sich am Merkur hat bestätigen lassen«, ist das Resultat der beiden wissenschaftlichen englischen Expeditionen gemeint, die zur Beobachtung der totalen Sonnenfinsternis vom 29. März 1919 nach Nordbrasilien und auf die westafrikanische Insel Principe ausgesandt worden waren. Als am 25. Februar 1952 der Mond die Sonne verfinsterte, wurden von mehreren wissenschaftlichen

Equipen im Sudan (Khartum) erneut Beobachtungen mit verfeinerten Apparaten und Meßmethoden angestellt, um Einsteins Theorie von der Krümmung der Lichtstrahlen in einem Gravitationsfeld nachzuprüfen. 1916 hatte Einstein eine Lichtablenkung von 1,75 Bogensekunden errechnet. Am 29. Mai 1919 hatten die Messungen der Expeditionen 1,64 Bogensekunden ergeben. 1952 näherten sich die Wissenschafter mit 1,70 Bogensekunden der Einsteinschen Rechnung bereits mehr.

Was ist Relativitätstheorie?

Am 6. November 1919 hielten die »Royal Society« und die »Royal Astronomical Society« unter Wahrung des traditionellen Zeremoniells in London eine gemeinsame Sitzung ab, um öffentlich bekanntzugeben, daß die von ihnen ausgesandten wissenschaftlichen Expeditionen, die während der totalen Sonnenfinsternis vom 29. März 1919 die Richtigkeit der Einsteinschen Theorie vom gekrümmten Raum auf der portugiesischen Insel Principe und in Nordbrasilien (Sobral) durch photographische Aufnahmen nachprüfen sollten, mit positiven Resultaten zurückgekehrt seien. Der Referent, der allverehrte Physiker und Nobelpreisträger Sir Joseph John Thomson (1856–1940), der in seiner Eröffnungsansprache Einsteins Theorie als »eine der größten Leistungen in der Geschichte des menschlichen Denkens« gepriesen hatte, verkündete nun feierlich, daß »das Schwerefeld der Sonne tatsächlich die Ablenkung bewirkt, die sich aus Einsteins allgemeiner Relativitätstheorie ergibt«. Dem Ersuchen der führenden englischen Tageszeitung »Times«, Prof. Einstein möge dem Publikum seine Forschungen selber erklären, kam dieser durch den hier veröffentlichten Aufsatz »Was ist Relativitätstheorie?« nach. Er erschien am 28. November 1919 in der »Times« unter dem Titel »My theory« und enthielt den ironischen Nachsatz: »Die meine Person und Lebensverhältnisse betreffenden Bemerkungen Ihrer Zeitung zeugen zum Teil von er-

freulicher Phantasie des Verfassers. Noch eine Art Anwendung des Relativitätsprinzips zum Ergötzen des Lesers: Heute werde ich in Deutschland als »›deutscher Gelehrter‹, in England als ›Schweizer Jude‹ bezeichnet. Sollte ich aber einst in die Lage kommen, als ›bete noire‹ präsentiert zu werden, dann wäre ich umgekehrt für die Deutschen ein ›Schweizer Jude‹ und für die Engländer ein ›deutscher Gelehrter‹.«

Der beim dritten Unterscheidungskriterium ursprünglich angebrachte Vermerk, »bisher nicht bestätigt«, ist heute nicht mehr gültig. Erheblich später erfolgte die Bestätigung am Sirius-Begleiter.

Über Relativitätstheorie

Diese Ansprache wurde im Vorsommer 1921 im Schloß der »Royal Society of London« gehalten, der ältesten wissenschaftlichen Gesellschaft von England, deren Gründung ins Jahr 1660 zurückgeht.

Einiges über die Entstehung der allgemeinen Relativitätstheorie

ROLAND EÖTVÖS *(1848–1919), Professor der Physik an der Universität in Budapest. Konstrukteur der in der Geophysik zu Schweremessungen und zur Lagebestimmung von Erzlagerstätten benutzten Drehwaage; Verfasser scharfsinniger Untersuchungen über die Oberflächenspannungen der Flüssigkeiten und über den Erdmagnetismus. 1911 hat Einstein in den »Annalen der Physik« eine »Bemerkung zu dem Gesetz von Eötvös« publiziert.*

Über die enge Zusammenarbeit Einsteins mit seinem schweizerischen Jugend- und Studienfreund Marcel Grossmann (1878–1936), der an der Eidgenössischen Technischen Hochschule in Zürich über Geometrie dozierte, gibt der Band Carl Seelig »Albert Einstein und die Schweiz« an Hand von unveröffentlichten Briefen eingehend Auskunft.

Das Raum-, Äther- und Feldproblem der Physik

Die ursprüngliche Fassung dieser 1930 zuerst im »Forum Philosophicum« veröffentlichten Darstellung enthält als Schlußpassus noch ein sich über vier Seiten erstreckendes letztes Postulat der Feldtheorie. Dieses wurde auf Wunsch von Prof. Einstein weggelassen, da »die dort geschilderte Theorie von mir längst verlassen worden und durch die Theorie des nichtsymmetrischen Feldes ersetzt worden ist, die in logischformaler Beziehung völlig befriedigt«. Diese Theorie ist dargestellt im Appendix II der »Meaning of Relativity« (»Generalization of Gravitation Theory« by Albert Einstein; a reprint of Appendix II from the fourth edition of »The Meaning of Relativity« Copyright 1953 by Princeton University Press). – »Ihr Vergleich mit der Erfahrung«, fügt Prof. Einstein im gleichen Schreiben hinzu, »scheitert aber bisher an mathematischen Schwierigkeiten.«

Johannes Kepler

Zum 300. Todestag von Johannes Kepler (1571–1630) am 9. November 1930 in der »Frankfurter Zeitung« erschienen.

Newtons Mechanik und ihr Einfluß auf die Gestaltung der theoretischen Physik

Zum 200. Todestag von Isaac Newton (1643–1727) im Jahr 1927 im 15. Band der deutschen Zeitschrift »Die Naturwissenschaften« erschienen.

JAMES CLERK MAXWELL *(1831–1879), der britische Schöpfer der elektromagnetischen Lichttheorie.*

LUDWIG BOLTZMANN *(1844–1906), der österreichische Pionier auf dem Gebiet der Wärmelehre.*

Sir William Thomson oder LORD KELVIN *(1824–1927), ein*

führender englischer Physiker auf dem Gebiet der Thermodynamik, des Kristallmagnetismus und der Thermoelektrizität.

SIMEON DENIS POISSON *(1781–1840) gehört zu den Mitbegründern des Potentialbegriffes. Er hat ferner bedeutende Studien zur Akustik und Wellenlehre sowie über die Wärmeleitung und die Oberflächenspannung geschrieben.*

Das Flettner-Schiff

Der deutsche Ingenieur ANTON FLETTNER *(1885–1962) ist der Erfinder der 1915 fertiggestellten ferngesteuerten Tankkampfwagen und der beiden Rotorschiffe, die 1924 bis 1926 ausprobiert wurden. Als Anhänger des Segelsports hat sich Prof. Einstein für letztere besonders interessiert.*

LEONHARD EULER *(1707–1783), der weltberühmte Basler Physiker, Astronom und Begründer der modernen Mathematik, der als Neunzehnjähriger für seine Abhandlung über die Bemastung von Schiffen einen Preis der Pariser Akademie erhalten hat und sich intensiv mit Problemen der Artillerie, des Schiffsbaues und der Steuermanntechnik beschäftigte.*

DANIEL BERNOULLI *(1700–1782), der Basler Mathematiker, der sich namentlich um die Lösung hydrodynamischer Probleme bemühte. Er untersuchte u. a. den Schiffsantrieb, bei dem ein am Schiffsende ausgestoßener Wasserstrahl den Rückstoß erzeugt.*

HEINRICH GUSTAV MAGNUS *(1802–1870), der Entdecker des »Magnus-Effekts«, den Flettner zur Konstruktion seiner Rotorschiffe benutzt hat.*

JOHN WILLIAM RALEIGH *(1842–1919), ein englischer Physiker, der 1904 für seine grundlegenden Arbeiten auf dem Gebiet der Wellenlehre und Akustik, der Elektrizität und Strahlungen den Nobelpreis für Physik erhalten hat.*

LUDWIG PRANDTL *(1875–1953), seit 1925 Direktor des Kaiser-Wilhelm- und Max-Planck-Instituts für Strömungsforschung in Berlin und Göttingen. Er hat sich namentlich um die Kenntnis der modernen Aero- und Hydrodynamik verdient gemacht. Die erste deutsche Windkanalanlage in Göttingen wurde auf seine Initiative erstellt. Durch seine Strömungslehre ist Prandtl gewissermaßen auch zum Schöpfer der neuzeitlichen »Stromlinie« geworden.*

Die Ursache der Mäanderbildung der Flußläufe und des Baerschen Gesetzes

KARL ERNST VON BAER *(1792–1876), estländischer Zoologe und Geograph, der als Schöpfer der wissenschaftlichen Entwicklungsgeschichte der Tiere gilt. Seine die ablenkende Kraft der Erdrotation behandelnde Schrift »Über ein allgemeines Gesetz in der Gestaltung der Flußbetten« erschien 1860 in Petersburg.*

Einsteins Beitrag zu diesem Gesetz wurde am 7. Januar 1926 in der Preußischen Akademie der Wissenschaften vorgetragen.

Zur Erniedrigung des wissenschaftlichen Menschen

Diese Überlegungen wurden in der Form einer Botschaft für die 42. Tagung der »Societa Italiana per il Progresse de la Scienze« geschrieben, die 1950 in Lucca stattfand. Präsident dieser Gesellschaft war der inzwischen verstorbene ehemalige Ministerpräsident und Antifaschist Francesco Nitti. Englisch wurde der Artikel im Herbst 1950 in der UNESCO Zeitschrift »Im pact« veröffentlicht.